JN109082

10	11	12	13	14	15	16	17	18
								₂He ヘリウム 4.003
			₅B ホウ素 10.81	₆C 炭素 12.01	₇N 窒素 14.01	₈O 酸素 16.00	₉F フッ素 19.00	₁₀Ne ネオン 20.18
			₁₃Al アルミニウム 26.98	₁₄Si ケイ素 28.09	₁₅P リン 30.97	₁₆S 硫黄 32.07	₁₇Cl 塩素 35.45	₁₈Ar アルゴン 39.95
₂₈Ni ニッケル 58.69	₂₉Cu 銅 63.55	₃₀Zn 亜鉛 65.38	₃₁Ga ガリウム 69.72	₃₂Ge ゲルマニウム 72.63	₃₃As ヒ素 74.92	₃₄Se セレン 78.97	₃₅Br 臭素 79.90	₃₆Kr クリプトン 83.80
₄₆Pd パラジウム 106.4	₄₇Ag 銀 107.9	₄₈Cd カドミウム 112.4	₄₉In インジウム 114.8	₅₀Sn スズ 118.7	₅₁Sb アンチモン 121.8	₅₂Te テルル 127.6	₅₃I ヨウ素 126.9	₅₄Xe キセノン 131.3
₇₈Pt 白金 195.1	₇₉Au 金 197.0	₈₀Hg 水銀 200.6	₈₁Tl タリウム 204.4	₈₂Pb 鉛 207.2	₈₃Bi ビスマス 209.0	₈₄Po ポロニウム －	₈₅At アスタチン －	₈₆Rn ラドン －
₁₁₀Ds ダームスタチウム －	₁₁₁Rg レントゲニウム －	₁₁₂Cn コペルニシウム －	₁₁₃Nh ニホニウム －	₁₁₄Fl フレロビウム －	₁₁₅Mc モスコビウム －	₁₁₆Lv リバモリウム －	₁₁₇Ts テネシン －	₁₁₈Og オガネソン －

（元素）　△固体
（素）　△液体
（素）　△気体（常温・常圧における単体の状態）

104 番以降の元素については、詳しくわかっていない。

₆₄Gd ガドリニウム 157.3	₆₅Tb テルビウム 158.9	₆₆Dy ジスプロシウム 162.5	₆₇Ho ホルミウム 164.9	₆₈Er エルビウム 167.3	₆₉Tm ツリウム 168.9	₇₀Yb イッテルビウム 173.0	₇₁Lu ルテチウム 175.0
₉₆Cm キュリウム －	₉₇Bk バークリウム －	₉₈Cf カリホルニウム －	₉₉Es アインスタイニウム －	₁₀₀Fm フェルミウム －	₁₀₁Md メンデレビウム －	₁₀₂No ノーベリウム －	₁₀₃Lr ローレンシウム －

日本化学会原子量専門委員会で作成されたものである。ただし、元素の原子量が確定できないものは－で示した。

本書の構成と利用法

☆本書は、大学入学共通テスト「化学基礎」を攻略する力を身に着けられるように編集しています。大学入学共通テストやセンター試験で出題された問題の内容・傾向を徹底的に分析し、**共通テスト、センター試験、国公立大学、私立大学の問題から良問を厳選**しました。「化学基礎」の学習内容を完全に習得した上で共通テストに臨めるように構成しています(センター試験(大学入試センター試験)は、大学入学共通テストが行われるまで実施されていた共通テストの前身となる試験です)。

☆別冊解答編では、**解法を丁寧に解説**しました。誤りの選択肢についても、その理由を解説しています。また、**問題を解く上での着眼点を「Point」として掲載**し、問題の意図を読み解けるように編集していますので、自学自習書としても最適です。

本書の構成

学習のまとめ …各テーマの重要事項を穴埋め形式でまとめられるようにしました。基本事項を理解できているか確認してください。

必修例題 …計算を伴う問題が多い第Ⅱ章では、典型的な計算問題を取り上げ、解法の流れを習得できるようにしました。

必修問題 …必ず押さえておきたい基本的な問題を取り上げています。

実践例題 …やや骨のある問題、やや複雑な計算を要する問題を取り上げ、解法を丁寧に示しました。例題には関連する問題番号を示しています。

実践問題 …思考力を要する問題や融合問題、やや難度の高い計算問題などで構成し、共通テストに対応できる力を確実に養成できるようにしています。

☆学習の総まとめとして、予想模擬テスト(50点満点・解答時間30分)を収録しました。実際の共通テストに近い形式とし、巻末には解答を記入するためのマークシートも添えています。

☆予想模擬テストで間違った問題については、本編の関連問題に再度取り組めるようにしてありますので、苦手なパターンに繰り返し取り組み、弱点を克服しましょう。

☆問題の末尾には、問題の出典(出題年度、共通テスト・センター試験の本試、追試、出題大学など)を示しています。範囲外の内容を含む問題は、必要に応じて改題しています。また、過去問のうち、化学ⅠAの問題は〔ⅠA〕、理科総合Aの問題は〔理総A〕と記しています。なお、本書に掲載している大学入試問題の解答・解説は弊社で作成したものであり、各大学から公表されたものではありません。

☆各問題の構成

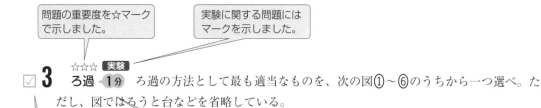

「Beeline」は、ミツバチがミツを求めて最短距離を進むことから、一直線、最短距離を意味する言葉です。
本書は、共通テスト攻略の最短距離を歩めるように編集を心がけました。

目　次

原子量概数・基本定数

本書では、次の原子量概数(または各右ページ上部に記載のもの)、基本定数を利用する。なお、特に数値が与えられている場合を除き、原子量概数と基本定数は、有効数字として取り扱わないものとする。

水素	H	……1.0	ナトリウム	Na	……23	鉄	Fe	……56
ヘリウム	He	……4.0	マグネシウム	Mg	……24	銅	Cu	……64
リチウム	Li	……7.0	アルミニウム	Al	……27	亜鉛	Zn	……65
炭素	C	……12	硫黄	S	……32	臭素	Br	……80
窒素	N	……14	塩素	Cl	……35.5	キセノン	Xe	……131
酸素	O	……16	アルゴン	Ar	……40	バリウム	Ba	……137
フッ素	F	……19	カリウム	K	……39			
ネオン	Ne	……20	カルシウム	Ca	……40			

アボガドロ定数　6.0×10^{23}/mol

気体のモル体積　22.4L/mol　※0℃、1.013×10^5Pa

1 物質の成分と構成元素

1 物質

①混合物と純物質

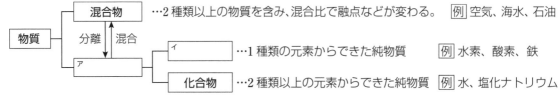

- 混合物 …2種類以上の物質を含み、混合比で融点などが変わる。 例 空気、海水、石油
- 物質 — 分離↕混合
  - ア
    - イ …1種類の元素からできた純物質 例 水素、酸素、鉄
    - 化合物 …2種類以上の元素からできた純物質 例 水、塩化ナトリウム

②混合物の分離　混合物は、次のような分離・精製法によって純物質に分けられる。

分　離　法	内　　容
ウ	液体中の不溶性物質をろ紙を用いて分離。 例 砂の混じった海水から海水だけを取り出す。
エ	固体が溶けている溶液を沸騰させ、その蒸気を冷却して液体を分離。 例 海水から純粋な水を得る。
分留	（オ　　　　　　）の異なる液体混合物を加熱して蒸留し、各液体を分離。 例 石油から、灯油や軽油などの各成分を取り出す。
再結晶	少量の不純物を含む固体を熱水に溶かし、これを冷却して結晶を分離。 例 少量の塩化ナトリウムを含む硝酸カリウムから、硝酸カリウムだけを得る。
カ	混合物に適当な液体を加えて、特定の物質だけを溶かし出して分離。 例 茶葉から緑茶をつくる。
キ	昇華しやすい物質を含む混合物を加熱・冷却して固体を分離。 例 砂の混じったヨウ素から、ヨウ素だけを取り出す。
クロマトグラフィー	ろ紙やシリカゲルなどに対する物質の吸着力の違いを利用して分離。 ろ紙を用いる場合を特にペーパークロマトグラフィーという。

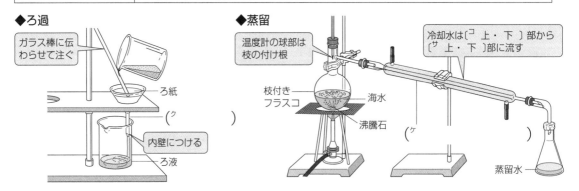

◆ろ過

ガラス棒に伝わらせて注ぐ

ろ紙

（ク　　　　　　）

内壁につける

ろ液

◆蒸留

冷却水は〔コ 上・下〕部から〔サ 上・下〕部に流す

温度計の球部は枝の付け根

枝付きフラスコ

海水

沸騰石

（ケ　　　　　　）

蒸留水

2 物質の構成元素

元素…物質を構成する基本的な成分。約120種類。ラテン語名などの頭文字や、それに小文字を書き添えた元素記号で表される。

（シ　　　　　　）…同じ元素からなる単体で、性質が異なる物質どうし。

構成元素	同素体の例
硫黄S	（ス　　　　　　）、単斜硫黄、ゴム状硫黄
炭素C	ダイヤモンド、黒鉛、フラーレン
酸素O	酸素、（セ　　　　　　）
リンP	赤リン、黄リン

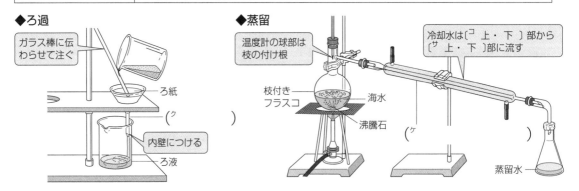

2

（ソ　　　　　　）反応…物質を炎に入れたとき、その成分元素に特有の発色がみられる現象。

成分元素	リチウム Li	ナトリウム Na	カリウム K	カルシウム Ca	ストロンチウム Sr	バリウム Ba	銅 Cu
炎色反応の色	（タ　　）色	（チ　　）色	赤紫色	橙赤色	赤（紅）色	黄緑色	（ツ　　）色

沈殿の生成や色の変化を伴う反応…各元素に特有の反応などを利用する。

元素	確認方法	結果
炭素C	二酸化炭素に変えたのち、水酸化カルシウムの飽和水溶液（石灰水）に通じる。	白濁する（炭酸カルシウムが生成）
水素H	水に変えたのち、硫酸銅（Ⅱ）無水塩（白色）に触れさせる。	（テ　　　　　）色に変化する（硫酸銅（Ⅱ）五水和物が生成）
ナトリウム Na	白金線につけ、バーナーの外炎に入れる。	炎が黄色になる（炎色反応）
塩素 Cl	（ト　　　　　）水溶液を加える。	白色沈殿を生じる（塩化銀が生成）

3 物質の三態

熱運動…物質の構成粒子の不規則な運動。熱運動のエネルギーは一定の分布をもち、（ナ　　　）温ほど大きい。

（ニ　　　　　）…粒子が不規則に運動することで空間に広がっていく現象。

物質の三態…物質には固体、（ヌ　　　　　　）、気体の３つの状態がある。温度や圧力を変化させると、これらの状態は相互に変化する。このような変化を、（ネ　　　　　　）変化という。

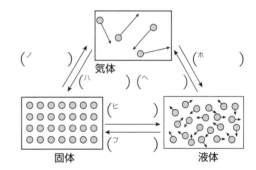

状態変化と熱量…一定の圧力の下で、温度を変えると、物質の三態間の変化がおこる。固体が融解し始める温度を（マ　　　）点、液体が沸騰し始める温度を（ミ　　　）点といい、融解や沸騰がおこっている間は、温度は一定に保たれる。

例 1.013×10⁵ Pa の下で、水に一定の熱量を加え続けた場合の状態変化は、右の図のようになる。

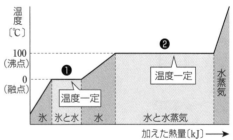

❶加えた熱が構成粒子の配列をくずすためだけに使われる。すべてが液体になるまで温度は一定。

❷加えた熱が構成粒子間の引力を振り切るためだけに使われる。すべてが気体になるまで温度は一定。

解答

（ア）純物質　（イ）単体　（ウ）ろ過　（エ）蒸留　（オ）沸点
（カ）抽出　（キ）昇華法　（ク）ろうと　（ケ）リービッヒ冷却器　（コ）下
（サ）上　（シ）同素体　（ス）斜方硫黄　（セ）オゾン　（ソ）炎色　（タ）赤
（チ）黄　（ツ）青緑　（テ）青　（ト）硝酸銀　（ナ）高　（ニ）拡散
（ヌ）液体　（ネ）状態　（ノ）昇華　（ハ）凝華　（ヒ）融解　（フ）凝固
（ヘ）蒸発　（ホ）凝縮　（マ）融　（ミ）沸

共通テスト攻略のPoint！

ろ過と蒸留については、操作上の留意点を押さえておく。同素体はSCOP。同素体と同位体のように似ている語句に注意。元素の確認方法と結果を押さえておく。物質の三態は、語句や状態変化と熱量の関係のグラフを押さえておく。

必修問題

☑ **1** ☆☆☆
物質の分類 〔1分〕 次の **a ～ c** にあてはまるものをそれぞれ解答群のうちから一つずつ選べ。

a 純物質であるもの　　　　　　　　　　　　　　　　　　　　　　　　　　　（13 センター追試 改）
① 空気　② 塩酸　③ 海水　④ 牛乳　⑤ 石油　⑥ 水銀

b 単体でないもの　　　　　　　　　　　　　　　　　　　　　　　　　　　（15 センター本試）
① 黒鉛　② 単斜硫黄　③ 水銀　④ 赤リン　⑤ オゾン　⑥ 水晶

c 単体でない物質　　　　　　　　　　　　　　　　　　　　　　　　　　　（07 センター本試）
① アルゴン　② オゾン　③ ダイヤモンド　④ マンガン　⑤ メタン

☑ **2** ☆☆
混合物と純物質 〔1分〕 純物質・混合物に関する記述として**誤りを含むもの**を、次の①～⑤のうちから一つ選べ。

① ドライアイスは純物質である。
② 塩化ナトリウムは純物質である。
③ 塩酸は混合物である。
④ 純物質を構成する元素の組成は、常に一定である。
⑤ 互いに同素体である酸素とオゾンからなる気体は、純物質である。
　　　　　　　　　　　　　　　　　　　　　　　　　　　　　　　　　　　（11 センター追試）

☑ **3** ☆☆☆ 〔実験〕
ろ過 〔1分〕 ろ過の方法として最も適当なものを、次の図①～⑥のうちから一つ選べ。ただし、図ではろうと台などを省略している。

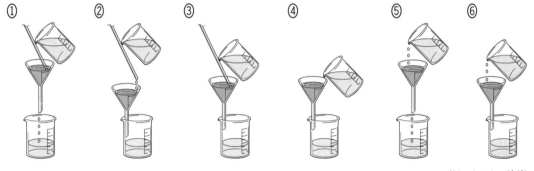

① ② ③ ④ ⑤ ⑥

（06 センター追試）

☑ **4** ☆☆ 〔実験〕
昇華法 〔1分〕 ガラスの破片が混じったヨウ素がある。これをビーカーに入れ、昇華によって、できるだけ多くのヨウ素をフラスコの底面に集めたい。次に示す①～④の方法のうちから、最も適当なものを一つ選べ。ただし、支持器具は省略してある。

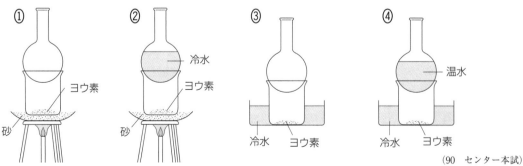

（90 センター本試）

☑ **5** ☆☆☆
混合物の分離 －1分　物質の分離・精製に関する記述として**不適切なもの**を、次の①～⑤のうちから一つ選べ。

① ヨウ素とヨウ化カリウムの混合物から、昇華を利用してヨウ素を取り出す。

② 食塩水を電気分解して、塩化ナトリウムを取り出す。

③ 液体空気を分留して、酸素と窒素をそれぞれ取り出す。

④ インクに含まれる複数の色素を、クロマトグラフィーによりそれぞれ分離する。

⑤ 大豆中の油脂を、ヘキサンなどの有機溶媒で抽出して取り出す。 (06　センター本試)

☑ **6** ☆☆
元素と単体 －2分　下線を付した語が、元素ではなく単体を指しているものを、次の①～⑤のうちから一つ選べ。

① ¹H と ²H は、<u>水素</u>の同位体である。

② 水を電気分解すると、<u>水素</u>と<u>酸素</u>が物質量の比 2：1 で生じる。

③ <u>塩素</u>の原子量は35.5である。

④ <u>カルシウム</u>は、重要な栄養素である。

⑤ 炭化水素は、<u>炭素</u>と<u>水素</u>だけを含む化合物である。 (01　センター追試)

☑ **7** ☆☆☆
同素体 －1分　次の **a・b** にあてはまるものをそれぞれ解答群のうちから一つずつ選べ。

a　同素体である組合せ (13　センター本試)

① ヘリウムとネオン　　② ³⁵Cl と ³⁷Cl　　③ メタノールとエタノール

④ 一酸化窒素と二酸化窒素　　⑤ 塩化鉄(Ⅱ)と塩化鉄(Ⅲ)　　⑥ 黄リンと赤リン

b　互いに**同素体でないもの** (01　センター追試)

① 黒鉛(グラファイト)とダイヤモンド　　② 酸素とオゾン　　③ 鉛と亜鉛

④ 黄リンと赤リン　　⑤ 斜方硫黄と単斜硫黄

☑ **8** ☆☆
物質の分類 －1分　次の記述①～⑤のうち、**誤っているもの**を一つ選べ。

① 物質を構成する基本成分を元素という。

② 1種類の元素からできている純物質を単体という。

③ 2種類以上の元素からできている純物質を化合物という。

④ 同じ元素の単体で、性質の異なるものを互いに同素体であるという。

⑤ 質量数が等しく、原子番号が異なる原子を互いに同位体であるという。 (12　横浜薬科大)

☑ **9** ☆☆☆
物質の状態変化 －2分　分子からなる純物質 X の固体を大気圧のもとで加熱して、液体を経てすべて気体に変化させた。そのときの温度変化を図に示す。**A～E** における X の状態や現象に関する記述①～⑤のうちから、正しいものを二つ選べ。

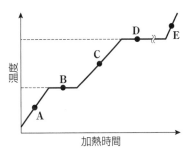

① **A** では、分子は熱運動していない。

② **B** では、液体と固体が共存している。

③ **C** では、分子は規則正しい配列を維持している。

④ **D** では、液体の表面だけでなく内部からも気体が発生している。

⑤ **E** では、分子間の平均距離は **C** のときと変わらない。 (23　共通テスト本試　改)

次の記述**ア**～**ウ**のうち、物質の状態変化(三態間の変化)が含まれている記述はどれか。すべてを正しく選択しているものとして最も適当なものを、後の①～⑦のうちから一つ選べ。

ア 海水を蒸留して淡水を得た。

イ 降ってきた雪を手で受けとめると、水になった。

ウ ドライアイスの塊を室温で放置すると、小さくなった。

① **ア**   ② **イ**   ③ **ウ**   ④ **ア、イ**

⑤ **ア、ウ**   ⑥ **イ、ウ**   ⑦ **ア、イ、ウ**

(24 共通テスト本試)

解説

ア 海水の蒸留では、水を沸騰させて水蒸気(気体)とし、それを冷却して水(液体)に戻している。

イ 雪が手の温度で融解して、液体の水となっている。

ウ ドライアイス(二酸化炭素の固体)は昇華しやすい物質で、放置しておくと、固体から直接気体になる。

○ CHECK POINT

物質の分離法と状態変化の名称は、必ず押さえておくこと。

昇華しやすい物質の例

・ドライアイス(二酸化炭素)

・ナフタレン

・ヨウ素

解答 ⑦

実践問題

☑ **10** ☆☆☆ **実験**

蒸留 1分 蒸留を行うために、図のような装置を組み立てたが、**不適切な箇所**がある。その内容を記した文を、下の①～⑤のうちから一つ選べ。

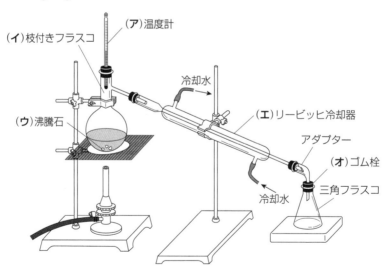

① 温度計(**ア**)の球部を、枝付きフラスコの枝の付け根あたりに合わせている。

② 枝付きフラスコ(**イ**)に入れる液体の量を、フラスコの半分以下にしている。

③ 沸騰石(**ウ**)を、枝付きフラスコの中に入れている。

④ リービッヒ冷却器(**エ**)の冷却水を、下部から入り上部から出る向きに流している。

⑤ ゴム栓(**オ**)で、アダプターと三角フラスコとの間をしっかり密閉している。

(15 センター追試)

☑ **11** ☆ **炎色反応** -1分- 打ち上げ花火はさまざまな元素に特有の発色を利用している。これと同じ原理にもとづく発色の記述として最も適当なものを、次の①〜⑤のうちから二つ選べ。

① 白金線に塩化銅(Ⅱ)水溶液をつけて炎にかざすと、青緑色の炎が見えた。

② みそ汁が吹きこぼれたとき、コンロの炎が黄色に見えた。

③ 青色のリトマス紙をレモン汁につけると赤くなった。

④ ヨウ素の固体を加熱すると、紫色の気体が発生した。

⑤ 鉄くぎがさびて、表面が茶色になった。

(06　センター追試〔ⅠA〕　改)

☑ **12** ☆☆☆ 実験 **元素の確認** -2分- 試料に含まれる元素の種類を調べる実験を行い、次の結果(a〜c)を得た。それぞれの実験結果によって確認された元素の組合せとして正しいものを、下の①〜⑧のうちから一つ選べ。

a 試料の水溶液を白金線につけてガスバーナーの外炎に入れると、炎が赤色になった。

b 試料の水溶液に硝酸銀水溶液を加えると、白色の沈殿が生じた。

c 十分に乾燥した試料の粉末を酸化銅(Ⅱ)の粉末とともに試験管の中で加熱すると、管口付近に液体が付着した。この液体を硫酸銅(Ⅱ)無水塩の白色粉末に加えると、粉末が青色に変化した。

	a	b	c		a	b	c
①	リチウム	塩素	水素	⑤	銅	塩素	水素
②	リチウム	塩素	炭素	⑥	銅	塩素	炭素
③	リチウム	カルシウム	水素	⑦	銅	カルシウム	水素
④	リチウム	カルシウム	炭素	⑧	銅	カルシウム	炭素

(07　センター本試)

☑ **13** ☆☆ **原油成分の分離** -2分- 製油所では、石油(原油)から、その成分であるナフサ(粗製ガソリン)、灯油、軽油が分離される。この際に利用される、混合物から成分を分離する操作に関する記述として最も適当なものを、次の①〜④のうちから一つ選べ。

① 混合物を加熱し、成分の沸点の差を利用して、成分ごとに分離する操作

② 混合物を加熱し、固体から直接気体になった成分を冷却して分離する操作

③ 溶媒に対する溶けやすさの差を利用して、混合物から特定の物質を溶媒に溶かし出して分離する操作

④ 温度によって物質の溶解度が異なることを利用して、混合物の溶液から純粋な物質を析出させて分離する操作

(21　共通テスト第2日程)

☑ **14** ☆☆ **熱運動と状態変化** -1分- 1種類の分子のみからなる物質の大気圧下での三態に関する記述として**誤りを含むもの**を、次の①〜⑥のうちから一つ選べ。

① 気体の状態より液体の状態の方が分子間の平均距離は短い。

② 液体中の分子は熱運動によって相互の位置を変えている。

③ 大気圧が変わっても沸点は変化しない。

④ 固体を加熱すると、液体を経ないで直接気体に変化するものがある。

⑤ 液体の表面では常に蒸発がおこっている。

⑥ 温度が一定の気体でも、その気体を構成する粒子の熱運動の激しさはすべて同じではない。

(17　センター本試　改)

2 原子の構造と周期表

1 原子の構造

①原子

			電荷	質量比
原子核 ─ (ア　　　)	⊕ … 正電荷を帯びた粒子	+1	1
─ 中性子	○ … 電気的に中性の粒子	0	ほぼ1
(イ　　　)	● … 負電荷を帯びた粒子	−1	$\frac{1}{1840}$

②原子の構成表示

$\left(\begin{array}{c}^{ウ}\\ \end{array}\right)$ ＝陽子の数＋中性子の数 → ^{12}C

$\left(\begin{array}{c}^{エ}\\ \end{array}\right)$ ＝陽子の数（＝電子の数）→ $_{6}C$

③同位体（アイソトープ）
原子番号が同じで $\left(^{オ}\ \ \right)$ の異なる原子どうし。化学的性質はほぼ等しい。

例　水素原子：$^{1}_{1}H$、$^{2}_{1}H$、$^{3}_{1}H$　　炭素原子：$^{12}_{6}C$、$^{13}_{6}C$、$^{14}_{6}C$

④放射性同位体（ラジオアイソトープ）
放射線を放出する同位体。原子核が不安定で、放射線を放出して他の元素の原子核に変わる（**壊変**または**崩壊**）。　　例　^{3}H、^{14}C

$\left(^{カ}\ \ \right)$ …放射性同位体の量がもとの量の半分になるまでの時間。

例　^{14}C の半減期：5730年…^{14}C の量（数）が $\frac{1}{2}$ になるまでに5730年、$\frac{1}{4}$ になるまでに5730×2年かかる。

放射性同位体の利用　医療分野（がん治療、画像診断など）、品種改良、年代測定など

2 原子の電子配置

①電子殻
電子は原子核に近い順にK殻、$\left(^{キ}\ \ \right)$ 殻、M殻、N殻、…とよばれる電子殻に存在する。

電子殻の最大収容電子数　原子核に近い方から n 番目の電子殻に収容できる電子の最大数は、$\left(^{ク}\ \ \right)$ 個になる。

②電子配置
電子はエネルギーの低いK殻から収容される。K殻に2個、L殻よりも外側の電子殻に $\left(^{ケ}\ \ \right)$ 個の電子が収容されているときに安定な電子配置となる。

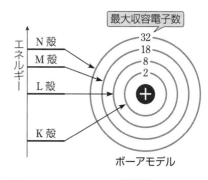

ボーアモデル

◆$_1H$〜$_{20}Ca$ の電子配置

	$_1H$	$_2He$	$_3Li$	$_4Be$	$_5B$	$_6C$	$_7N$	$_8O$	$_9F$	$_{10}Ne$	$_{11}Na$	$_{12}Mg$	$_{13}Al$	$_{14}Si$	$_{15}P$	$_{16}S$	$_{17}Cl$	$_{18}Ar$	$_{19}K$	$_{20}Ca$
K殻	1	2	2	2	2	2	2	2	2	コ	2	2	2	2	2	2	シ	2	2	2
L殻			1	2	3	4	5	6	7	サ	8	8	8	8	8	8	ス	8	8	8
M殻											1	2	3	4	5	6	セ	8	8	8
N殻																			1	2

③価電子
他の原子との結合などに関与する電子。一般に、最外殻電子が価電子として働く。原子番号順に原子を配列すると、その価電子の数は周期的に変化する。貴ガス（希ガス）の価電子は0とみなされる。

④電子式
元素記号に最外殻電子を点（•）で書き添えた式。

水素原子 $_1H$ •H　　炭素原子 $_6C$ •Ċ•　　窒素原子 $_7N$ 　　酸素原子 $_8O$ •Ö•　　塩素原子 $_{17}Cl$:Ċl•

3 元素の周期律と周期表

①**元素の周期律** 元素を(タ　　　　　　　　　　)の順に並べると、性質のよく似た元素が周期的に現れること。

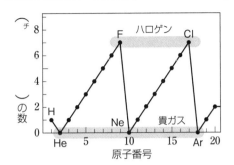

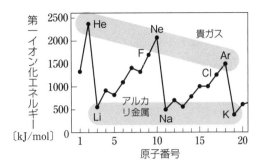

②**元素の周期表** 元素の周期律にもとづいて、元素を分類した表。元素を(ツ　　　　　　　　　　)の順に配列。

(テ　　　　　　　　　　)…周期表の縦の列で、1〜18族で構成され、同族元素は性質が類似。

(ト　　　　　　　　　　)…周期表の横の行で、第1周期〜第7周期まである。

③**元素の分類**

(ナ　　　　　　　　　)元素…1、2、13〜18族の元素群。価電子の数は族番号とともに変化し、同族元素は性質が類似。単体の密度は小さく、化合物は無色のものが多い。

遷移元素…第4周期以降の3〜12族の元素群。すべて金属元素。最外殻電子の数は1〜2で、同一周期の隣り合う元素でも性質が類似。単体の密度は大きく、化合物は〔ニ　無色・有色　〕のものが多い。

金属元素…単体は金属で、一般に陽イオンになりやすい(陽性が強い)。

(ヌ　　　　　　　　　)元素…単体は分子からなるものが多く、16、17族の原子は陰イオンになりやすい(陰性が強い)。

典型元素と遷移元素

金属元素と非金属元素

④**同族元素** 同じ族に属する元素。特に性質の似ている元素群は、固有の名称でよばれる。

(ネ　　　　　　　　　　):Hを除く1族元素(Li、Na、K、…)。1価の陽イオンになりやすい。

アルカリ土類金属：2族元素。2価の陽イオンになりやすい。

ハロゲン：17族元素(F、Cl、Br、I、…)。1価の陰イオンになりやすい。

(ノ　　　　　　　　　　):18族元素(He、Ne、Ar、…)。安定な電子配置をとり、原子のまま存在する。

解答

(ア) 陽子　(イ) 電子　(ウ) 質量数　(エ) 原子番号

(オ) 質量数(中性子の数)　(カ) 半減期　(キ) L　(ク) $2n^2$

(ケ) 8　(コ) 2　(サ) 8　(シ) 2　(ス) 8　(セ) 7

(ソ) ・N・　(タ) 原子番号　(チ) 価電子　(ツ) 原子番号　(テ) 族

(ト) 周期　(ナ) 典型　(ニ) 有色　(ヌ) 非金属

(ネ) アルカリ金属　(ノ) 貴ガス(希ガス)

共通テスト攻略のPoint！

原子番号1〜20までの元素は必ず覚えておく。陽子の数、電子の数、中性子の数と、原子番号、質量数との関係をしっかりと理解しておく。第一イオン化エネルギーと周期律の関係も理解しておこう。放射性同位体と半減期に関しても押さえておく。

☑ **15** 原子 **1分** 原子に関する次の記述①～⑤のうちから、正しいものを一つ選べ。

① 原子の大きさは、原子核の大きさにほぼ等しい。

② 自然界に存在するすべての原子の原子核は、陽子と中性子とからできている。

③ 陽子の数と電子の数の和が、その原子の質量数である。

④ 中性子の数が等しく、陽子の数が異なる原子どうしを、互いに同位体という。

⑤ 原子核のまわりの電子の数が原子番号と異なる粒子も存在し、そのような粒子をイオンとよぶ。

(98 センター追試)

☑ **16** 中性子の数・同位体 **2分** 次のa～eにあてはまるものを、それぞれ解答群①～⑤のうちから一つずつ選べ。

a 中性子の数が最も少ない原子 (05 センター追試)

① $^{35}_{17}Cl$ ② $^{37}_{17}Cl$ ③ $^{40}_{18}Ar$ ④ $^{39}_{19}K$ ⑤ $^{40}_{20}Ca$

b ナトリウム原子 $^{23}_{11}Na$ に含まれる中性子の数 (23 共通テスト本試)

① 11 ② 12 ③ 23 ④ 24

c 中性子の数が9である原子 (03 センター本試)

① ^{14}N ② ^{15}N ③ ^{17}O ④ ^{18}O ⑤ ^{37}Cl

d 互いに同位体である原子どうしで**異なるもの** (12 センター本試)

① 原子番号 ② 陽子の数 ③ 中性子の数 ④ 電子の数 ⑤ 価電子の数

e 3種類の同位体(^{16}O, ^{17}O, ^{18}O)からできる酸素分子の種類の数 (98 センター本試)

① 3 ② 4 ③ 5 ④ 6 ⑤ 8

☑ **17** 原子の大きさと質量 **2分** 物質を構成している原子はきわめて小さい。ヘリウム原子について次のa・bにあてはまる数値を、それぞれの解答群の①～④のうちから一つずつ選べ。

a ヘリウム原子の直径

① 10^{-20} m 程度 ② 10^{-15} m 程度 ③ 10^{-10} m 程度 ④ 10^{-5} m 程度

b ヘリウム原子の質量

① 6.7×10^{-24} g ② 7.5×10^{-24} g ③ 1.3×10^{-23} g ④ 1.5×10^{-23} g

(08 センター本試)

☑ **18** 原子の構成 **1分** 炭素の同位体 $^{14}_{6}C$ に関する次の文章の空欄 **a** ～ **d** に入れる数値の組合せとして正しいものを、①～⑤のうちから一つ選べ。

$^{14}_{6}C$ は **a** 個の陽子、**b** 個の中性子、および **c** 個の電子で構成されている。これらの電子のうち **d** 個はL殻に入っている。

(00 センター追試)

	a	b	c	d
①	8	6	6	4
②	8	6	14	8
③	6	8	6	2
④	6	8	6	4
⑤	6	14	14	8

☑ **19** 同位体 〔1分〕 同位体に関する記述として**誤りを含むもの**を、次の①〜④のうちから一つ選べ。

① 互いに同位体である原子は、陽子の数が異なる。

② 互いに同位体である原子は、中性子の数が異なる。

③ 互いに同位体である原子は、化学的な性質がほぼ同じである。

④ 放射線の放出により、放射性同位体の量が元の半分になるまでの時間を半減期という。

(20 センター追試)

☑ **20** 原子の構成と電子配置 〔1分〕 陽子を◎、中性子を○、電子を●で表すとき、質量数6のリチウム原子の構造を示す模式図として最も適当なものを、図の①〜⑥のうちから一つ選べ。ただし、破線の円内は原子核とし、その外側にある実線の同心円は内側から順にK殻、L殻を表す。

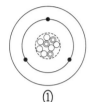 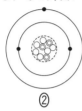 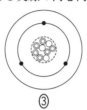 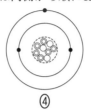 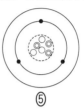 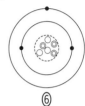

① ② ③ ④ ⑤ ⑥

(08 センター本試)

☑ **21** 電子 〔3分〕 次のa〜cにあてはまるものを、それぞれ解答群のうちから一つずつ選べ。

a 右の電子式で表されるAの元素名 ・$\ddot{\text{A}}$・ 　　　　　　　　　　　　　(16 センター追試)

① 酸素 ② フッ素 ③ アルミニウム ④ ケイ素 ⑤ リン ⑥ アルゴン

b 二つの原子の最外殻電子数の和が8と**ならない**組合せ 　　　　　(02 センター追試)

① BとN ② BeとO ③ CとSi ④ LiとF ⑤ MgとAl

c 総電子数がCH_4と同じ分子 　　　　　　　　　　　　　　　(04 センター本試)

① CO ② NO ③ HCl ④ H_2O ⑤ O_2

☑ **22** 元素の周期律 〔1分〕 原子のイオン化エネルギー(第一イオン化エネルギー)が原子番号とともに変化する様子を示す図として最も適当なものを、次の①〜⑥のうちから一つ選べ。 (10 センター本試)

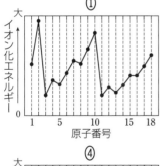

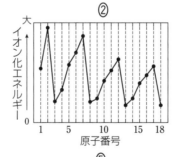

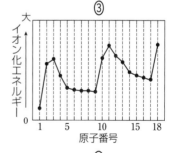

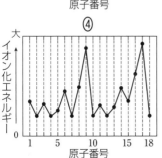

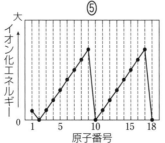

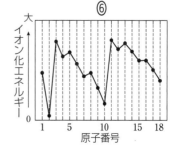

23 元素の周期律 1分 元素の周期律とそれに関する次の記述①～⑤のうちから、**誤りを含むもの**を一つ選べ。

① 周期表では、元素が原子番号の順に並べられている。

② 周期表を同一周期内で左から右に進むと、原子中の電子の数が増加する。

③ 原子の第一イオン化エネルギーは、原子番号の増加とともに、周期的に変化する。

④ 陽子の数が等しい原子は、質量数が異なっても、周期表上で同じ位置を占める。

⑤ 遷移元素の最外殻電子の数は、族の番号に一致する。 (93 センター本試 改)

24 元素の分類 2分 次のa～dにあてはまるものをそれぞれ解答群①～⑤のうちから一つずつ選べ。

a 典型元素の組合せ (99 センター追試 改)

① MgとAl　② NaとFe　③ AgとAu　④ KとCu　⑤ AlとNi

b 遷移元素である組合せ (94 センター本試 改)

① AlとSi　② CaとCo　③ CuとLi　④ FeとNi　⑤ MgとMn

c アルカリ土類金属の元素 (00 センター本試)

① B　② Ca　③ K　④ Mn　⑤ Na

d 同族元素の組合せ (02 センター本試)

① LiとMg　② BとAl　③ CとP　④ OとSi　⑤ HとHe

25 元素の周期表 1分 元素の周期表に関する記述として**誤りを含むもの**を、次の①～⑤のうちから一つ選べ。

① 2族元素の原子は、2価の陽イオンになりやすい。

② 17族元素の原子の価電子の数は、7である。

③ 18族元素は、反応性に乏しい。

④ 典型元素は、すべて非金属元素である。

⑤ 遷移元素は、すべて金属元素である。 (13 センター本試)

26 元素の性質 1分 元素の性質に関する記述として正しいものを、次の①～⑤のうちから一つ選べ。

① 同じ周期に属する元素の化学的性質はよく似ている。

② 典型元素の単体は、常温・常圧で気体か固体のどちらかである。

③ 金属元素の単体は、すべて常温・常圧で固体である。

④ 1族元素の単体は、すべて常温・常圧で固体である。

⑤ 18族元素の単体は、すべて常温・常圧で気体である。 (08 センター本試)

27 元素 1分 元素に関する記述として正しいものを、次の①～⑤のうちから一つ選べ。

① 遷移元素を含む化合物は、いずれも無色である。

② アルカリ土類金属は遷移元素である。

③ アルカリ金属は2価の陽イオンになりやすい。

④ 17族の元素は1価の陽イオンになりやすい。

⑤ 遷移元素には、同じ元素でもいろいろな酸化数をとるものが多い。 (06 センター本試 改)

実践例題 ② 放射性同位体

関連問題 ➡ 34

放射性同位体に関する記述として、**誤りを含むもの**を次の①〜⑤のうちから一つ選べ。

①　放射線を放出する能力を放射能という。

②　過剰の放射線は、人体に悪い影響を与えるので、取り扱いには注意が必要である。

③　放射性同位体は天然には存在せず、すべて人工的につくられている。

④　半減期が３日である元素Xを放置しておくと、９日後にはもとの量の $\frac{1}{8}$ になる。

⑤　放射線は、農作物の品種改良やがんの治療などに利用される。

解説

①　**正**　放射線を放出する能力を**放射能**という。

②　**正**　放射線には、細胞や遺伝子を変化させる恐れがあり、取り扱いには十分な注意が必要である。

③　**誤**　放射性同位体には ^{14}C などがあり、天然に存在する。

④　**正**　３日ごとに半分になるので、９日間経過したとき、元素Xはもとの量の $\frac{1}{2} \times \frac{1}{2} \times \frac{1}{2} = \frac{1}{8}$ になる。

⑤　**正**　放射線は、がんの治療や画像診断、農作物の品種改良などに用いられている。

● CHECK POINT

同位体のうち、原子核が不安定で、放射線を放出して壊変するものを**放射性同位体**という。

半減期…放射性同位体の量がもとの量の半分になるまでの時間。

　例　^{14}C の半減期：5730年

解答　③

実践問題

PRACTICE

☑ **28** ☆☆ **原子の構成** 2分　酸素原子について、最も大きな数値を与える式を、次の①〜⑤のうちから一つ選べ。

①　(原子核の質量)÷(陽子の質量の総和)

②　(中性子の質量の総和)÷(電子の質量の総和)

③　(陽子の総数)÷(電子の総数)

④　(^{18}O の質量)÷(^{16}O の質量)

⑤　(^{18}O の陽子の総数)÷(^{16}O の陽子の総数)

(06　センター追試)

☑ **29** ☆☆ **原子の構成** 1分　次の記述 a 〜 c について、正誤の組合せとして正しいものを、右の①〜⑥のうちから一つ選べ。

a　^{1}H 原子と ^{35}Cl 原子の質量の比は、厳密に１：35である。

b　水素原子の大きさは、陽子の大きさと等しい。

c　元素の原子番号は、原子核に含まれる陽子の数に等しい。

(99　センター本試)

	a	b	c
①	正	正	正
②	正	正	誤
③	正	誤	誤
④	誤	正	正
⑤	誤	誤	正
⑥	誤	誤	誤

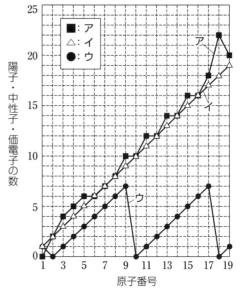

30 陽子・中性子・価電子の数 **2分** 図は原子番号が
1～19の元素について、天然の同位体存在比が最も大
きい同位体の原子番号と、その原子の陽子・中性子・
価電子の数の関係を示す。次の問い（**a・b**）に答えよ。

a 図の**ア～ウ**に対応する語の組合せとして正しいも
のを、次の①～⑥のうちから一つ選べ。

	ア	イ	ウ
①	陽子	中性子	価電子
②	陽子	価電子	中性子
③	中性子	陽子	価電子
④	中性子	価電子	陽子
⑤	価電子	陽子	中性子
⑥	価電子	中性子	陽子

b 図に示した原子の中で、質量数が最も大きい原子の質量数はいくつか。また、M殻に電子がなく
原子番号が最も大きい原子の原子番号はいくつか。質量数および原子番号を2桁の数値で表すとき、
$\boxed{1}$ ～ $\boxed{4}$ にあてはまる数字を、下の①～⓪のうちからそれぞれ一つずつ選べ。

質量数が最も大きい原子の質量数 $\boxed{1}$ $\boxed{2}$

M殻に電子がなく原子番号が最も大きい原子の原子番号 $\boxed{3}$ $\boxed{4}$

① 1 ② 2 ③ 3 ④ 4 ⑤ 5 ⑥ 6 ⑦ 7 ⑧ 8 ⑨ 9 ⓪ 0

（21 共通テスト）

31 陽子・電子・中性子の数 **2分** 水分子1個に含まれる陽子の数a、電子の数b、および中性子の数
cの大小関係を正しく表しているものを、次の①～⑦のうちから一つ選べ。ただし、この水分子は^1H
と^{16}Oからなるものとする。

① $a=b=c$ ② $a=b>c$ ③ $c>a=b$ ④ $b=c>a$

⑤ $a>b=c$ ⑥ $c=a>b$ ⑦ $b>c=a$

（10 センター本試）

32 ヘリウムイオンの電子配置 **1分** ヘリウムイオン（$^4He^+$）の構造を示す模式図として最も適当な
ものを、次の①～⑨のうちから一つ選べ。ただし、●は陽子、◎は中性子、○は電子を表し、二つの
破線の同心円はK殻（内側）、L殻（外側）を表している。

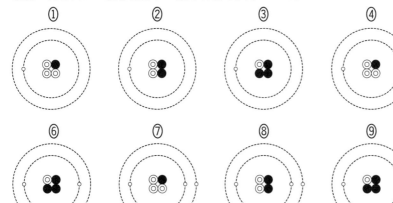

（10 センター追試）

33 ☆☆ **ヘリウム原子** 〔1分〕 ヘリウム原子に関する記述として正しいものを、次の①〜⑤のうちから一つ選べ。

① ヘリウム原子核の質量は、ヘリウム原子の質量の $\frac{1}{2}$ である。

② ヘリウム原子核の構成は、水素原子($^1_1$H)の原子核2個分と同じである。

③ ヘリウム原子の電子はM殻に入っている。

④ ヘリウム原子の電子が入っている電子殻は、電子2個で満たされている。

⑤ ヘリウム原子の大きさは、ネオン原子に比べて大きい。

(05　センター追試)

34 ☆ **半減期** 〔2分〕 セシウム Cs の放射性同位体の一つである ^{137}Cs は、半減期30年で壊変(崩壊)する。^{137}Cs の量が元の量の $\frac{1}{10}$ になる期間として最も適当なものを、次の①〜⑥のうちから一つ選べ。

① 60年未満 　　　　　　② 60年以上90年未満

③ 90年以上120年未満 　④ 120年以上150年未満

⑤ 150年以上180年未満 ⑥ 180年以上

(22　共通テスト追試)

35 ☆☆ **元素の周期律** 〔1分〕 メンデレーエフと同時代の科学者マイヤーは、元素の性質が原子量とともに周期的に変わることを見いだした。

次の3種類のグラフは、第一イオン化エネルギー、電気陰性度、および単体の融点のいずれかが、原子番号とともに周期的に変わる様子を示したものである。それぞれの周期性はA、B、Cのどのグラフに表されているか。正しい組合せを、次の①〜⑥のうちから、一つ選べ。

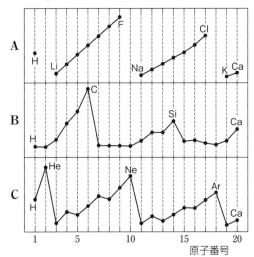

	第一イオン化エネルギー	電気陰性度	単体の融点
①	A	B	C
②	A	C	B
③	B	A	C
④	B	C	A
⑤	C	A	B
⑥	C	B	A

(96　センター本試)

36 ☆☆ **周期表と元素の性質** 〔1分〕 元素の性質を、周期表にもとづいて比較した記述として下線部に**誤り**を含むものを、次の①〜⑤のうちから一つ選べ。

① 第3周期に属する元素では、原子番号が大きくなるにつれて<u>イオン化エネルギー(第一イオン化エネルギー)が小さくなる</u>。

② 第3周期に属する元素では、18族を除き、原子番号が大きくなるにつれて<u>陰性が強くなる</u>。

③ 同じ族に属する典型元素では、原子番号が大きくなるにつれて<u>陽性が強くなる</u>。

④ 同じ族に属する元素では、原子番号が大きくなるにつれて<u>原子量が大きくなる</u>。

⑤ 遷移元素では、同族元素だけでなく、<u>同じ周期で隣り合う元素とも性質が似ている</u>場合が多い。

(07　センター追試)

3 化学結合

1 イオン

①**イオン** 正の電気を帯びた粒子を**陽イオン**、負の電気を帯びた粒子を**陰イオン**という。

価数	陽イオン	陰イオン
1価	ナトリウムイオン Na^+、 アンモニウムイオン(^{ア}　　　)	塩化物イオン Cl^-、水酸化物イオン OH^-
2価	マグネシウムイオン Mg^{2+}、鉄(Ⅱ)イオン Fe^{2+}	酸化物イオン O^{2-}、(^{イ}　　　)イオン SO_4^{2-}
3価	アルミニウムイオン(^{ウ}　　　)	リン酸イオン PO_4^{3-}

物質が水に溶けてイオンに分かれることを(^{エ}　　　　)という。

(^{オ}　　　　)…水溶液中で電離する物質。　　例 塩化ナトリウム、水酸化ナトリウム

(^{カ}　　　　)…水溶液中で電離しない物質。　　例 スクロース、エタノール

イオンの生成 金属元素の原子は(^{キ}　　)イオン、非金属元素の原子は(^{ク}　　)イオンになりやすい。

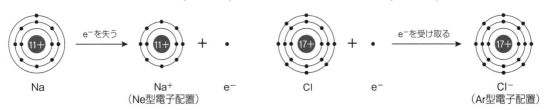

Na　　　　　Na$^+$　　　e$^-$　　　　Cl　　　e$^-$　　　　　Cl$^-$
（Ne型電子配置）　　　　　　　　　　　　　　　　　　（Ar型電子配置）

②**イオン生成のエネルギー** イオン生成時にはエネルギーの出入りがおこる。

第一イオン化エネルギー	電子親和力
原子から電子1個を取り去って、1価の陽イオンにするのに必要なエネルギー〔kJ/mol〕	原子が電子を受け取って、陰イオンになるときに放出するエネルギー〔kJ/mol〕
第一イオン化エネルギーが小さい ──→ 陽イオンに〔^{ケ}なりやすい・なりにくい〕	電子親和力が大きい ──→ 陰イオンに〔^{コ}なりやすい・なりにくい〕

③**イオン結合** 陽イオンと陰イオンとの(^{サ}　　　　)力による結合。イオン結合は、非金属元素の原子と金属元素の原子の間に生じやすい。

　　　陽イオンの価数×陽イオンの数＝陰イオンの価数×陰イオンの数

④**イオン結晶** 多数の陽イオンと陰イオンが、イオン結合で規則正しく配列した固体。

　性質　①かたいが、強い力で一定方向に割れやすい(へき開)　　②融点が高い

　　　　③結晶は電気を通さないが、融解液や水溶液は電気を通す　　④水に溶けやすいものが多い

2 共有結合と分子

①**共有結合と分子の形成** 原子と原子が互いの**不対電子**を共有し合う共有結合によって分子は形成される。

　共有結合は(^{シ}　　　　)元素の原子間に生じやすい。

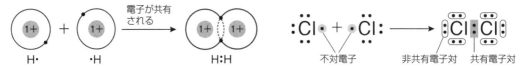

H・　　・H　　　　H:H　　　　不対電子　　　非共有電子対　共有電子対

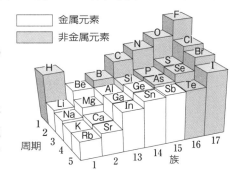

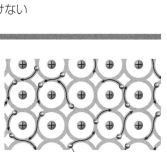

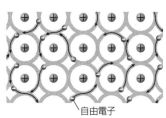

（ス　　　　　　　　　）…分子中の1組の共有電子対を1本の線（価標）で示し、原子の結合の様子を表した式。

（セ　　　　　　　）結合…一方の原子から供与された非共有電子対を共有して生じる共有結合。

$$H\!:\!\overset{..}{N}\!:\!H \;+\; H^{+} \;\longrightarrow\; \left[\; H\!:\!\overset{H}{\underset{H}{N}}\!:\!H \;\right]^{+} \quad\text{アンモニウム}\atop\text{イオン}$$

非共有電子対

$$H\!:\!\overset{..}{\underset{H}{O}} \;+\; H^{+} \;\longrightarrow\; \left[\; H\!:\!\overset{..}{\underset{H}{O}}\!:\!H \;\right]^{+}$$

水分子　　　　　　　　　オキソニウムイオン

（ソ　　　　　　　　　　　　　）…非共有電子対をもつ分子やイオン（配位子）が金属イオンと配位結合して生じたイオン。

②電気陰性度と結合の極性

電気陰性度…原子が共有電子対を引きつける強さの尺度。

　元素の周期表で、貴ガス原子を除き、〔タ　右上・左下　〕の

　原子ほど大きい。

　　電気陰性度が大 ── 〔チ　負・正　〕の電荷を帯びやすい。

極性分子と無極性分子…結合の極性が打ち消し合わず、分子

　全体で極性を示す分子を（ツ　　　　　　）分子、結合に極

　性がないか、結合の極性が打ち消し合うため、分子全体で

　極性を示さない分子を（テ　　　　　　）分子という。

凡例：□ 金属元素　▨ 非金属元素

分子	塩化水素 HCl	水 H₂O	アンモニア NH₃	メタン CH₄	二酸化炭素 CO₂	窒素 N₂
電子式	$H\!:\!\overset{..}{\underset{..}{Cl}}\!:$	$H\!:\!\overset{..}{\underset{..}{O}}\!:\!H$ 共有電子対	$H\!:\!\overset{H}{\underset{H}{N}}\!:\!H$	$H\!:\!\overset{H}{\underset{H}{C}}\!:\!H$	$:\!\overset{..}{\underset{..}{O}}\!::\!C\!::\!\overset{..}{\underset{..}{O}}\!:$	$:\!N\!\vdots\!\vdots\!N\!:$
構造式	H–Cl 単結合	H–O–H	H–N–H の H	$\overset{H}{\underset{H}{H{-}C{-}H}}$	O=C=O 二重結合	N≡N 三重結合
分子の形	直線形	折れ線形	三角錐形	正四面体形	直線形	直線形
分子の極性	極性分子	ト	ナ	ニ	ヌ	無極性分子

③分子結晶　多数の分子が弱い引力（分子間力）で集合し、規則正しく配列した固体。

　[性質]　①やわらかく、砕けやすい　②融点が〔ネ　高い・低い　〕ものが多い

　　　　　③電気を導かない

　　　　　④昇華しやすいものがある　[例]　ドライアイス、ヨウ素

④共有結合の結晶　すべての原子が（ノ　　　　　　）結合によって結びつき、規則的

　に配列した固体。　[例]　ダイヤモンド、黒鉛、ケイ素、二酸化ケイ素

　[性質]　①きわめてかたい　②融点が高い

　　　　　③電気を導かない（黒鉛は良導体、ケイ素は半導体）　④水に溶けない

ダイヤモンド

③ 金属結合と金属結晶

①金属結合　金属原子の価電子が（ハ　　　　　　）電子となって原

　子間を自由に動き回り、金属原子を互いに結びつける結合。

②金属結晶　金属結合によって金属原子が規則正しく配列した固体。

　[性質]　①金属光沢をもつ　②電気や熱をよく伝える

　　　　　③展性や延性を示す

自由電子

種類	物質	化学式	用途など
イオン結晶	塩化ナトリウム	NaCl	調味料（食塩）、NaOH や Na_2CO_3 の原料
	塩化カルシウム	$CaCl_2$	乾燥剤、路面の凍結防止剤
	炭酸カルシウム	$CaCO_3$	チョーク、歯磨き粉の原料、卵の殻の主成分
	ヒ	フ	胃薬、ベーキングパウダー、発泡入浴剤
分子からなる物質	酸素	O_2	医療用酸素吸入、ガス溶接、燃料電池
	二酸化炭素	CO_2	冷却剤（ドライアイス）、炭酸飲料
	アンモニア	NH_3	硝酸・窒素肥料の原料
	メタン	CH_4	燃料（都市ガス）、海底にメタンハイドレートとして存在
共有結合の結晶	ダイヤモンド	C	装飾品（宝石）、研磨剤
	ヘ	ホ	太陽電池、集積回路
	二酸化ケイ素	SiO_2	耐熱ガラス、光ファイバー
金属結晶	鉄	Fe	機械部品、建築材料、鉄道のレール
	銅	Cu	電線、調理器具
	アルミニウム	Al	建築材料（サッシ）、1円硬貨、家庭用品（アルマイト）

5 結晶の分類

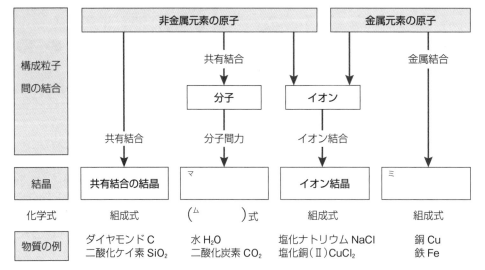

	共有結合の結晶	マ	イオン結晶	ミ
化学式	組成式	(ム)式	組成式	組成式
物質の例	ダイヤモンド C 二酸化ケイ素 SiO_2	水 H_2O 二酸化炭素 CO_2	塩化ナトリウム NaCl 塩化銅（Ⅱ）$CuCl_2$	銅 Cu 鉄 Fe

解答

（ア）NH_4^+ （イ）硫酸 （ウ）Al^{3+} （エ）電離 （オ）電解質 （カ）非電解質
（キ）陽 （ク）陰 （ケ）なりやすい （コ）なりやすい （サ）静電気（クーロン）
（シ）非金属 （ス）構造式 （セ）配位 （ソ）錯イオン （タ）右上 （チ）負
（ツ）極性 （テ）無極性 （ト）極性分子 （ナ）極性分子 （ニ）無極性分子
（ヌ）無極性分子 （ネ）低い （ノ）共有 （ハ）自由 （ヒ）炭酸水素ナトリウム
（フ）$NaHCO_3$ （ヘ）ケイ素 （ホ）Si （マ）分子結晶 （ミ）金属結晶 （ム）分子

共通テスト攻略の Point！
イオン結合、共有結合、金属結合と、生じる物質の関係を理解し、各物質の利用を日常生活に関連付けて理解しておくこと。

必修問題

☑ **37** ^{☆☆☆} **イオン** ⟨2分⟩ 次の **a 〜 e** にあてはまるものを、解答群①〜⑤のうちから一つずつ選べ。

a 1価の陰イオンに最もなりやすい原子 　　　　　　　　　　　　　　　　(03 センター本試)

① Na ② Mg ③ O ④ Cl ⑤ Ne

b 2価の単原子イオン 　　　　　　　　　　　　　　　　　　　　　　　(06 センター追試)

① 酸化物イオン ② 水酸化物イオン ③ フッ化物イオン

④ 炭酸イオン ⑤ 硫酸イオン

c Ne 原子と**異なる**電子配置をもつイオン 　　　　　　　　　　　　　(08 センター追試)

① Al^{3+} ② Cl^- ③ Mg^{2+} ④ Na^+ ⑤ O^{2-}

d 2価の多原子イオンを含む化合物 　　　　　　　　　　　　　　(12 センター追試 改)

① 硫酸アンモニウム ② 酢酸ナトリウム ③ 硝酸鉛(Ⅱ)

④ リン酸カルシウム ⑤ 塩化カリウム

e マグネシウムイオンと物質量の比 1:1 で化合物をつくるイオン 　　(99 センター本試)

① 塩化物イオン ② 酸化物イオン ③ 硝酸イオン

④ 炭酸水素イオン ⑤ リン酸イオン

☑ **38** ^{☆☆☆} **原子の電子配置** ⟨2分⟩ 図は、典型元素の原子 **a 〜 f** の電子配置の模式図を示している。**a 〜 f** に関する記述として**誤りを含むもの**を、下の①〜⑤のうちから一つ選べ。

a 　　　　b 　　　　c 　　　　d 　　　　e 　　　　f

    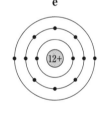 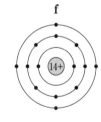

① **a** はアルカリ金属の原子である。

② **b** と **f** は同族元素の原子である。

③ **c** は **a 〜 f** の中で、最もイオン化エネルギーが大きい。

④ **e** と **f** は第3周期の原子である。

⑤ **e** は2価の陽イオンになりやすい。

⬤ 原子核 (数字は陽子の数)

• 電子

(16 センター本試)

☑ **39** ^{☆☆☆} **イオン化エネルギーと電子親和力** ⟨1分⟩ イオンに関する記述として**誤りを含むもの**を、次の①〜⑤のうちから一つ選べ。

① 原子がイオンになるとき放出したり受け取ったりする電子の数を、イオンの価数という。

② 原子から電子を取り去って、1価の陽イオンにするのに必要なエネルギーを、イオン化エネルギー(第一イオン化エネルギー)という。

③ イオン化エネルギー(第一イオン化エネルギー)の小さい原子ほど陽イオンになりやすい。

④ 原子が電子を受け取って、1価の陰イオンになるときに放出するエネルギーを電子親和力という。

⑤ 電子親和力の小さい原子ほど陰イオンになりやすい。

(07 センター本試)

40 イオン 1分 イオンに関する記述として**誤りを含むもの**を、次の①〜⑥のうちから二つ選べ。

① イオン結晶である KI の式量は、K の原子量と I の原子量の和である。

② 酸化物イオンは、2価の陰イオンである。

③ O^{2-} と F^- の電子配置は、Ne と同じである。

④ Ne のイオン化エネルギー（第一イオン化エネルギー）は、周期表の第2周期の元素の中で最も小さい。

⑤ イオンの大きさを比べると、F^- の方が Cl^- より小さい。

⑥ イオン結晶に含まれる陽イオンの数と陰イオンの数は、必ず等しい。 (12 センター本試 改)

41 共有結合と分子 3分 次の a〜e にあてはまるものを、解答群のうちから一つずつ選べ。

a 結合に使われている電子の総数が最も多い分子 (13 センター本試)

① 水素 ② 窒素 ③ 塩素 ④ メタン ⑤ 水 ⑥ 硫化水素

b 最も多くの価標をもつ原子 (06 センター本試)

① 窒素分子中の N ② フッ素分子中の F ③ メタン分子中の C

④ 硫化水素分子中の S ⑤ 酸素分子中の O

c 二重結合をもつ分子 (09 センター追試 改)

① アンモニア ② 塩素 ③ 二酸化炭素 ④ 窒素 ⑤ 塩化水素

d 三重結合をもつ分子 (08 センター本試)

① N_2 ② O_2 ③ Cl_2 ④ C_2H_4 ⑤ H_2O_2

e 共有結合を**もたない物質** (12 センター追試 改)

① ヨウ素 ② ケイ素 ③ ナトリウム ④ フラーレン ⑤ ポリエチレン

42 共有電子対 3分 次の a〜c にあてはまるものを、解答群①〜⑤のうちから一つずつ選べ。

a 共有電子対の数が最も多い分子 (96 センター本試)

① フッ化水素 ② 水 ③ アンモニア ④ メタン ⑤ 窒素

b 非共有電子対を**もたない分子** (23 共通テスト追試)

① 窒素 N_2 ② 二酸化炭素 CO_2 ③ 塩化水素 HCl ④ エタン C_2H_6

c 非共有電子対の数が**同じでない組合せ** (00 センター追試 改)

① N_2 と H_2O ② NH_3 と H_3O^+ ③ H_2S と CH_3OH ④ HF と HCl ⑤ CO_2 と Cl_2

43 電気陰性度と分子の極性 1分 電気陰性度および分子の極性に関する記述として正しいものを、次の①〜⑤のうちから一つ選べ。

① 共有結合からなる分子では、電気陰性度の小さい原子は、電子をより強く引きつける。

② 第2周期の元素のうちで、電気陰性度が最も大きいのはリチウムである。

③ ハロゲン元素のうちで、電気陰性度が最も大きいのはフッ素である。

④ 同種の原子からなる二原子分子は極性をもつ。

⑤ 酸素原子と炭素原子の電気陰性度には差があるので、二酸化炭素は極性分子である。

(05 センター本試)

44 分子の形と極性 【2分】 次の a 〜 d にあてはまるものを、解答群①〜⑤のうちから一つずつ選べ。

a 直線状でない分子　　　　　　　　　　　　　　　　　　　　　　　　（04 センター追試 改）

① 硫化水素　　　　　② 一酸化窒素　　　　　③ 窒素

④ 二酸化炭素　　　　⑤ 塩化水素

b 分子の形について**誤りを含む記述**　　　　　　　　　　　　　　　（10 センター追試 改）

① 二酸化炭素分子は直線形である。

② メタン分子は正四面体形である。

③ アンモニア分子は平面形(平面構造)である。

④ フラーレン C_{60} 分子は球状構造である。

⑤ 水分子は折れ線形である。

c 無極性分子であるもの　　　　　　　　　　　　　　　　　　　　　　　（23 共通テスト本試）

① アンモニア NH_3　　② 硫化水素 H_2S　　③ 酸素 O_2　　④ エタノール C_2H_5OH

d 極性分子と無極性分子の組合せ　　　　　　　　　　　　　　　　　　（00 センター本試）

① H_2 と Cl_2　② HF と HCl　③ H_2S と H_2O　④ CO_2 と CCl_4　⑤ NH_3 と CH_4

45 ダイヤモンドと黒鉛 【1分】 ダイヤモンドと黒鉛(グラファイト)に関する次の記述 a 〜 c のうち、

正しいものはどれか。下の①〜⑦のうちから一つ選べ。

a ダイヤモンドと黒鉛はいずれも電気をよく導く。

b ダイヤモンドはイオン結合でできているので、非常にかたい。

c 黒鉛は、平面状の巨大な分子が積み重なった構造をしており、薄片にはがれやすい。

① a　② b　③ c　④ a、b　⑤ a、c　⑥ b、c　⑦ a、b、c

（01 センター本試 改）

46 物質の溶解 【1分】 次の a・b にあてはまるものを、①〜⑤のうちから一つずつ選べ。

a 水には溶けにくいが、ヘキサンにはよく溶けるもの

① 黒鉛　② 水酸化ナトリウム　③ 鉄　④ ヨウ素　⑤ 硝酸カリウム

b 電解質である物質

① 二酸化ケイ素　　② 水素　　③ グルコース(ブドウ糖)

④ アンモニア　　　⑤ エタノール

47 結晶の分類 【2分】 次の a 〜 d にあてはまるものを、解答群のうちから一つずつ選べ。

a 式量ではなく分子量を用いるのが適当なもの　　　　　　　　　　　（10 センター本試）

① 水酸化ナトリウム　　　② 黒鉛　　　　　　　③ 硝酸アンモニウム

④ アンモニア　　　　　　⑤ 酸化アルミニウム　⑥ 金

b 固体の状態でイオン結晶であるもの　　　　　　　　　　　　　　　（93 センター本試）

① CO_2　② H_2O　③ CaO　④ SO_2　⑤ SiO_2

c 結晶が分子結晶である組合せ　　　　　　　　　　　　　　　　　　（94 センター本試 改）

① Au と Cu　　　② Ar と CO_2　　③ I_2 と Na

④ $NaCl$ と K_2SO_4　⑤ SiO_2 と C

d 共有結合の結晶をつくるもの　　　　　　　　　　　　　　　　　　（02 センター本試）

① Na_2O　② CaO　③ H_2O　④ SiO_2　⑤ CO_2

実践例題 ❸ 電子配置と化学結合

関連問題 ➡ 48・50

次の電子配置をもつ5種類の原子**ア〜オ**がある。これらの原子に対応する元素を同じ記号**ア〜オ**で表したとき、次の**a・b**にあてはまる組合せを、下の①〜⑨のうちから、それぞれ一つずつ選べ。

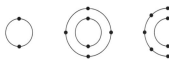 

　　　ア　　　　イ　　　　　ウ　　　　　　エ　　　　　　　オ

a　組成比が1：1のイオン結合の化合物をつくる元素の組合せ

b　組成比が1：4の共有結合の化合物をつくる元素の組合せ

① **ア、イ**　　② **ア、ウ**　　③ **ア、エ**　　④ **ア、オ**　　⑤ **イ、ウ**

⑥ **イ、オ**　　⑦ **ウ、エ**　　⑧ **ウ、オ**　　⑨ **エ、オ**　　(97　センター本試　改)

解説

電子の数から、**ア**：$_2$He　**イ**：$_6$C　**ウ**：$_{10}$Ne　**エ**：$_{11}$Na　**オ**：$_{17}$Cl である。

a　Na は価電子1個をもち、1価の陽イオン Na^+ になりやすい。Cl は価電子7個をもち、1価の陰イオン Cl^- になりやすい。これらのイオンが1：1の割合でイオン結合を形成し、NaCl をつくる。

b　不対電子4つをもつ炭素原子1個と不対電子1つをもつ塩素原子4個が共有結合を形成し、CCl_4 分子をつくる。

● CHECK POINT

電子配置から原子を特定する。

原子では、陽子の数＝電子の数

非金属元素＋金属元素→イオン結合
非金属元素どうし　　→共有結合

解答　a…⑨　b…⑥

実践例題 ❹ 結晶の分類と性質

関連問題 ➡ 60・61

次の記述①〜⑤のうちから、正しいものを一つ選べ。

①　分子結晶には、共有結合の結晶に比べて、かたいものが多い。

②　無極性分子では、すべての共有結合に電荷のかたよりがない。

③　イオン結晶は、無極性の溶媒には溶けにくい。

④　遷移元素の単体には、典型元素に属する金属の単体よりも、融点や密度の低いものが多い。

⑤　イオン結晶は、融解しても電気を導かない。

(95　センター本試)

解説

①　誤　分子結晶は分子間に働く引力が弱く、やわらかい。共有結合の結晶は粒子間がすべて共有結合であり、かたいものが多い。

②　誤　二酸化炭素 O＝C＝O のように、結合に極性があるが、互いに打ち消し合って、全体としては無極性になる分子もある。

③　正　イオン結晶は水などの極性溶媒に溶けやすく、ヘキサンなどの無極性溶媒に溶けにくい。

④　誤　遷移元素は、鉄 Fe（融点1535℃）のように、融点が高く、密度が大きいものが多い。典型元素は、ナトリウム Na（融点98℃）のように、融点が低く、密度が小さいものが多い。

⑤　誤　イオン結晶は、融解して液体にしたり、水溶液にしたりするとイオンが自由に動けるようになり、電気を導く。

● CHECK POINT

分子結晶…やわらかく、融点が低い。

共有結合の結晶…きわめてかたい、融点が高い。

金属結晶…遷移金属の融点・密度は典型金属よりも高い。

イオン結晶…極性溶媒に溶けやすい。固体は電気を導かないが、融解液は電気を導く。

解答　③

実践問題

48 ☆☆☆ **原子と分子・イオン** **2分** 次の図に示す電子配置をもつ原子 **a** 〜 **d** に関する記述として**誤っている**ものを、下の①〜⑤のうちから一つ選べ。ただし、中心の丸(●)は原子核を、その外側の同心円は電子殻を、円周上の黒丸(●)は電子をそれぞれ表す。

   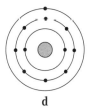

    a   **b**   **c**   **d**

① **a**、**b**、**c** は、いずれも周期表の第 2 周期に含まれる元素の原子である。

② **a** のみからなる二原子分子において、原子間で共有される価電子は 4 個である。

③ **b** は、**a** 〜 **d** の中で最も 1 価の陰イオンになりやすい。

④ **c** の価電子数は、**a** 〜 **d** の中で最も少ない。

⑤ **d** のイオン化エネルギー(第一イオン化エネルギー)は、**a** 〜 **d** の中で最も小さい。

(11 センター本試)

49 ☆ **イオンの大きさ** **1分** イオンの大きさに関する次の記述のうち**誤りを含むもの**を、下の①〜④のうちから一つ選べ。

① 原子が電子を失って陽イオンになるとき、生じる陽イオンの大きさはもとの原子より小さい。

② リチウムイオンとナトリウムイオンの大きさを比較すると、リチウムイオンの方が小さい。

③ 酸化物イオンと硫化物イオンでは、硫化物イオンの方が大きい。

④ フッ化物イオンとマグネシウムイオンでは、マグネシウムイオンの方が大きい。

50 ☆☆☆ **化学結合と分子** **2分** 図に示す電子配置をもつ原子(**a** 〜 **d**)が結合してできる分子として、安定には**存在しないもの**を、下の①〜⑤のうちから一つ選べ。ただし、中心の丸(●)は原子核を、その外側の同心円は電子殻を、円周上の黒丸(●)は電子を、それぞれ表す。

 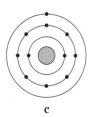 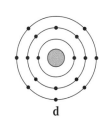

    a   **b**   **c**   **d**

① 2 個の **a** からなる分子   ② 2 個の **a** と 1 個の **c** からなる分子

③ 1 個の **a** と 1 個の **d** からなる分子   ④ 1 個の **b** と 4 個の **d** からなる分子

⑤ 2 個の **d** からなる分子

(07 センター追試)

51 ☆ **錯イオン** **1分** 錯イオンに関する次の記述中の **ア** と **イ** にあてはまる語句の組合せとして最も適当なものを、①〜⑥のうちから一つ選べ。

ある分子やイオンに含まれる **ア** を、金属イオンに一方的に供与して生じたイオンを錯イオンという。このようにして生じる結合は、特に **イ** 結合とよばれる。

	ア	イ
①	不対電子	共有
②	不対電子	配位
③	共有電子対	共有
④	共有電子対	配位
⑤	非共有電子対	共有
⑥	非共有電子対	配位

☑ **52** アンモニウムイオン ◀1分▶ アンモニウムイオン NH_4^+ に関する記述として正しいものを、次の①〜⑤のうちから一つ選べ。

① アンモニア NH_3 と水素イオン H^+ のイオン結合でできている。
② 立体的な形がメタン CH_4 とは異なる。
③ それぞれの原子の電子配置は、貴ガス原子の電子配置と同じである。
④ 四つの $N-H$ 結合のうちの一つは、配位結合として他の結合と区別できる。
⑤ 電子の総数は11個である。

(00 センター本試 改)

☑ **53** 分子の形と極性 ◀2分▶ 分子の形と極性に関する記述として正しいものを、次の①〜⑤のうちから二つ選べ。

① CH_4 は正四面体形の極性分子である。
② H_2O は折れ線形の極性分子である。
③ CO_2 は直線形の極性分子である。
④ C_6H_6（ベンゼン）は平面正六角形の無極性分子である。
⑤ NH_3 は三角錐形の無極性分子である。

(12 東京薬科大 改)

☑ **54** 極性分子 ◀2分▶ 次の記述 a 〜 c のすべてにあてはまる分子を、下の①〜⑥のうちから一つ選べ。

a 極性分子である。
b 3組以上の共有電子対をもつ。
c 二重結合をもたない。

① 水　② 窒素　③ アンモニア　④ 塩素　⑤ メタン　⑥ 二酸化炭素

(03 センター本試 改)

☑ **55** 物質の化学式 ◀2分▶

右の周期表では、第2・第3周期の6種の元素を記号A、D、E、G、J、Lで表してある。これらの元素からなる物質の分子式または組成式として**適当でないもの**を、下の①〜⑥のうちから一つ選べ。

周期＼族	1	2	3〜12	13	14	15	16	17	18
2					A		D		
3	E	G		J				L	

① AL_4　② E_2D　③ EL_2　④ GD　⑤ GL_2　⑥ J_2D_3

(14 センター本試)

☑ **56** 金属の性質と利用 ◀1分▶ 金属**ア**・**イ**は、銅 Cu、亜鉛 Zn、銀 Ag、鉛 Pb のいずれかである。次の記述（Ⅰ・Ⅱ）にあてはまる金属として最も適当なものを、下の①〜④のうちから一つずつ選べ。ただし、同じものを選んでもよい。

Ⅰ **ア**は二次電池の電極や放射線の遮蔽材などとして用いられる。**ア**の化合物には、毒性を示すものが多い。

Ⅱ **イ**の電気伝導性、熱伝導性はすべての金属元素の単体の中で最大である。**イ**のイオンは、抗菌剤に用いられている。

① Cu　　② Zn　　③ Ag　　④ Pb

(21 共通テスト第2日程)

57 ☆☆☆ 物質を構成する化学結合 **2分** 物質とそれを構成する化学結合との組合せとして**適当でないもの**を、右の①〜⑤のうちから一つ選べ。

(15 センター本試)

	物質	構成する化学結合
①	塩素	共有結合
②	アンモニア	配位結合
③	銅	金属結合
④	塩化ナトリウム	イオン結合
⑤	炭酸カルシウム	イオン結合と共有結合

58 ☆☆☆ 分子結晶の性質 **1分** 分子結晶に関する次の記述a〜cについて、正誤の組合せとして正しいものを、①〜⑧のうちから一つ選べ。

a　イオン結晶に比べると、一般に融点が高い。
b　極性分子の結晶は、電気をよく導く。
c　無極性分子の結晶には、常温で昇華するものがある。

	a	b	c		a	b	c
①	正	正	正	⑤	誤	正	正
②	正	正	誤	⑥	誤	正	誤
③	正	誤	正	⑦	誤	誤	正
④	正	誤	誤	⑧	誤	誤	誤

(02 センター追試)

59 ☆☆ 固体の分類と性質 **1分** 次のa・bにあてはまるものを、下の①〜⑥のうちから一つずつ選べ。

a　固体では電気を通さないが、その水溶液は電気をよく通す。
b　水に溶けにくいが、エタノールなどの有機溶媒によく溶ける。

① リチウム　　② 塩化カリウム　　③ アルミニウム
④ 二酸化ケイ素　　⑤ ヨウ素　　⑥ 黒鉛

(97 センター本試)

60 ☆☆☆ 固体の性質 **1分** 身のまわりにある固体に関する記述として**誤りを含むもの**を、次の①〜⑤のうちから一つ選べ。

① 食塩(塩化ナトリウム)はイオン結合の結晶であり、融点が高い。
② 金は金属結合の結晶であり、たたいて金箔にできる。
③ ケイ素の単体は金属結合の結晶であり、半導体の材料として用いられる。
④ 銅は自由電子をもち、電気や熱をよく伝える。
⑤ ナフタレンは分子どうしを結びつける力が弱く、昇華性がある。

(13 センター追試)

61 ☆☆☆ 結晶 **2分** 次の記述a〜cは、ダイヤモンド、塩化ナトリウム、アルミニウムの性質に関するものである。記述中の物質A〜Cの組合せとして最も適当なものを、①〜⑥のうちから一つ選べ。

a　A、B、Cのうち、固体状態で最も電気伝導性がよいのはAである。
b　AとBは水に溶けないが、Cは水に溶ける。
c　AとCの融点に比べて、Bの融点は非常に高い。

	A	B	C
①	ダイヤモンド	塩化ナトリウム	アルミニウム
②	ダイヤモンド	アルミニウム	塩化ナトリウム
③	塩化ナトリウム	アルミニウム	ダイヤモンド
④	塩化ナトリウム	ダイヤモンド	アルミニウム
⑤	アルミニウム	塩化ナトリウム	ダイヤモンド
⑥	アルミニウム	ダイヤモンド	塩化ナトリウム

(03 センター追試)

4 物質量と濃度

1 原子量・分子量・式量

原子の相対質量…質量数12の(ア　　　　　)原子の質量を(イ　　　　)(基準)としたときの質量の相対値。

元素の原子量　…各元素の(ウ　　　　　)の天然存在比(%)から求めた相対質量の平均値。同位体の存在しない原子は原子の相対質量に一致。

原子	相対質量	天然存在比
^{35}Cl	35.0	75.8%
^{37}Cl	37.0	24.2%

$$塩素の原子量=35.0 \times \underbrace{\frac{75.8}{100}}_{} + 37.0 \times \frac{24.2}{100}=35.5$$

<small>^{35}Cl の　　^{35}Cl の　　^{37}Cl の　　^{37}Cl の
相対質量　　存在比　　相対質量　　存在比</small>

分子量…分子式にもとづいた(エ　　　　　　)の総和。　例　H_2O：$1.0 \times 2 + 16 = 18$

式量　…イオンの化学式、組成式にもとづいた原子量の総和。　例　Na^+：23　　$NaCl$：$23 + 35.5 = 58.5$

2 物質量

物質量〔mol〕…(オ　　　　　　　　)個の集団を1molとし、mol単位で表した物質の量。

(カ　　　　　　　)**定数**…1molあたりの粒子の数：$6.0 \times 10^{23}/mol$

(キ　　　　　　　)…物質1molの質量。単位はg/mol。値は原子量、分子量、式量に等しい。

モル体積…気体1モルの体積。気体の種類によらず、0℃、$1.013 \times 10^5 Pa$(標準状態)で

(ク　　　　　)L/molである。

(ケ　　　　　　　　　)**の法則**…すべての気体は、同温・同圧下で同体積中に同数の分子を含んでいる。

物質量と粒子数・質量・体積の関係　物質量を介して粒子の数、質量、気体の体積を相互に変換できる。

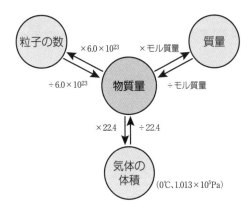

例　1.2×10^{24}個の酸素分子O_2の物質量

$$物質量=\frac{粒子の数}{アボガドロ定数}=\frac{1.2 \times 10^{24}}{6.0 \times 10^{23}/mol}=2.0\,mol$$

例　64gの酸素O_2(分子量32)の物質量

$$物質量=\frac{質量}{モル質量}=\frac{(コ\qquad)}{(サ\qquad)}=(シ\qquad)\,mol$$

例　0℃、$1.013 \times 10^5 Pa$で44.8Lの酸素O_2の物質量

$$物質量=\frac{気体の体積}{モル体積}=\frac{44.8L}{22.4L/mol}=2.0\,mol$$

平均分子量(見かけの分子量)　混合気体の分子量で、成分気体の分子量と混合割合から求める。

例　空気　$N_2(=28)$：$O_2(=32)=4:1$(体積比、物質量比)の混合気体

$$空気の平均分子量=28 \times \frac{4}{5} + 32 \times \frac{1}{5} = (ス\qquad)$$

気体の密度〔g/L〕…気体1Lあたりの質量〔g〕。モル質量とモル体積から求める。

例　窒素$N_2(=28.0)$の密度(0℃、$1.013 \times 10^5 Pa$)

$$気体の密度=\frac{モル質量}{モル体積}=\frac{28.0\,g/mol}{22.4\,L/mol}=1.25\,g/L$$

3 溶液の濃度

物質の溶解…物質が液体に溶けて均一な混合物になること。

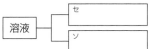

溶液 ── セ[   ]…溶けている物質 例 塩化ナトリウム、硝酸カリウム
    └── ソ[   ]…物質を溶かしている液体 例 水、エタノール

結晶水をもつ物質の水への溶解では、結晶水は（タ[   ]）の一部になる。

質量パーセント濃度…（チ[   ]）の質量に対する（ツ[   ]）の質量の百分率。

$$質量パーセント濃度〔\%〕＝\frac{溶質の質量〔g〕}{（テ　　　　）の質量〔g〕}×100$$

モル濃度…溶液 1 L に溶けている溶質の（ト[   ]）

$$モル濃度〔mol/L〕＝\frac{溶質の物質量〔mol〕}{（ナ　　　　）の体積〔L〕}$$

溶質の物質量〔mol〕
＝モル濃度〔mol/L〕×溶液の体積〔L〕

水溶液の調製 1.00 mol/L の塩化ナトリウム NaCl 水溶液 100 mL をつくるのに必要な NaCl は、

$$必要な NaCl＝1.00 mol/L×\frac{100}{1000} L＝0.100 mol \implies 58.5 g/mol×0.100 mol＝5.85 g$$

①塩化ナトリウムを正確に測り取る。
②ビーカーでよく混ぜて溶かす。
③②の水溶液を（ニ[   ]）に入れ、ビーカーを数回蒸留水で洗い、洗液も入れる。
④(ニ)の標線まで蒸留水を加えてよく振って均一にする。

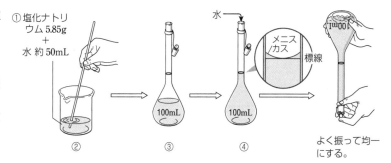

4 固体の溶解度

溶解度…一定量の溶媒に溶ける（ヌ[   ]）の最大限の量。一般に、溶媒（水）100 g に溶ける溶質の最大限の質量〔g〕で表す。この限度まで溶けた溶液を（ネ[   ]）溶液という。

（ノ[   ]）…物質の溶解度と温度の関係を表すグラフ。

溶解度と析出量 温度変化による溶解度の変化を利用して、物質を精製する方法を（ハ[   ]）という。図において、温度 t_0 から徐々に冷却すると、温度が（ヒ[   ]）になったときに飽和に達し、さらに冷却して t_2 になると、溶解度の差 S_1-S_2 に相当する量の結晶が析出する。

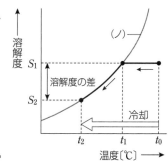

共通テスト攻略の Point！

元素の原子量を計算できるようにしておくこと。物質の質量、体積、粒子の数の変換がある場合は物質量を経由するので、物質量の計算は必ず習得しておく。質量パーセント濃度からモル濃度への換算は頻出であり、密度を用いた計算に慣れておく。

必修例題 ❺ 物質量

関連問題 ➡ 65・66・67

$6.0×10^{23}$ 個よりも多くの分子を含むものを、次の①～⑤のうちから一つ選べ。

① 30g のメタノール CH_3OH　　② 40g のドライアイス　　③ 10g の水

④ 0℃、$1.013×10^5$ Pa で20L の窒素　　⑤ 0℃、$1.013×10^5$ Pa で 40L のメタン

(03 センター追試〔ⅠA〕改)

解説 $6.0×10^{23}$ 個の粒子の集団が 1 mol なので、それぞれの物質量を求めて、物質量が 1 mol よりも大きいものを選べばよい。

① CH_3OH（＝32 g/mol）　② CO_2（＝44 g/mol）　③ H_2O（＝18 g/mol）

$\dfrac{30\,g}{32\,g/mol}<1\,mol$　　　　$\dfrac{40\,g}{44\,g/mol}<1\,mol$　　　　$\dfrac{10\,g}{18\,g/mol}<1\,mol$

④ 窒素 20L　　　　⑤ メタン 40L

$\dfrac{20\,L}{22.4\,L/mol}<1\,mol$　　　　$\dfrac{40\,L}{22.4\,L/mol}>1\,mol$

● CHECK POINT

物質量〔mol〕

$=\dfrac{質量〔g〕}{モル質量〔g/mol〕}$

$=\dfrac{気体の体積〔L〕}{22.4\,L/mol}$

（0℃、$1.013×10^5$ Pa）

解答 ⑤

必修例題 ❻ 気体の密度

関連問題 ➡ 71

メタン、酸素、ネオンの 0℃、$1.013×10^5$ Pa における密度の大小関係を正しく表しているものを、次の①～⑤のうちから一つ選べ。

① メタンの密度＝酸素の密度＝ネオンの密度　　② メタンの密度＝酸素の密度＜ネオンの密度

③ メタンの密度＜酸素の密度＜ネオンの密度　　④ 酸素の密度＜ネオンの密度＜メタンの密度

⑤ メタンの密度＜ネオンの密度＜酸素の密度

(13 センター追試 改)

解説 同温・同圧では、同体積の気体は、気体の種類に関係なく、同数の分子（同じ物質量）を含む（**アボガドロの法則**）。したがって、同体積の気体の質量の大小関係は、分子量の大小関係と同じになる。

酸素 O_2（＝32）＞ネオン Ne（＝20）＞メタン CH_4（＝16）

密度は単位体積の質量なので、同体積の質量の大小関係と同じになる。

● CHECK POINT

同温・同圧における気体の密度の大小は、分子量の大小関係と同じになる。

解答 ⑤

必修例題 ❼ 水溶液の濃度

関連問題 ➡ 72・74

硫酸銅（Ⅱ）五水和物 50g を水に溶解させ、500mL の水溶液とした。この水溶液のモル濃度は何 mol/L か。最も適当な数値を、次の①～⑤のうちから一つ選べ。

① 0.10　　② 0.20　　③ 0.31　　④ 0.40　　⑤ 0.63

(13 センター追試)

解説 硫酸銅（Ⅱ）五水和物 $CuSO_4\cdot5H_2O$ は結晶水（水和水）を含む結晶であり、その式量は $160+18×5=250$ である。したがって、

$CuSO_4\cdot5H_2O$ の物質量は、$\dfrac{50\,g}{250\,g/mol}=0.20\,mol$

$CuSO_4\cdot5H_2O$ 0.20mol には、$CuSO_4$ が 0.20mol 含まれるので、硫酸銅（Ⅱ）水溶液 500mL（＝0.500L）の濃度は、

モル濃度＝$\dfrac{溶質の物質量〔mol〕}{溶液の体積〔L〕}=\dfrac{0.20\,mol}{0.500\,L}=0.40\,mol/L$

● CHECK POINT

$CuSO_4\cdot5H_2O$ の式量

＝$CuSO_4$ の式量＋H_2O の分子量×5

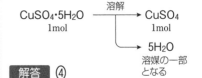

解答 ④

H=1.0	He=4.0	C=12	N=14	O=16	Ne=20	Na=23
Mg=24	S=32	Cl=35.5	K=39	Fe=56	Cu=64	

必修問題

62 ☆ **原子量の定義** 2分　原子量に関する次の記述について、文中の空欄 **ア** ～ **ウ** にあてはまる最も適当な記号や数値を①～⑤のうちからからそれぞれ選べ。

　元素の原子量は、**ア** 原子の相対質量を基準の **イ** とし、同位体が存在する元素の原子量はその天然存在比を考慮して算出したものである。塩素の同位体の天然存在比は ^{35}Cl が76.0%、^{37}Cl が24.0%であり、相対質量が ^{35}Cl を35.0、^{37}Cl が37.0とした場合、塩素の原子量は **ウ** となる。

ア	① ^1_1H	② ^4_2He	③ $^{12}_6C$	④ $^{14}_7N$	⑤ $^{16}_8O$
イ	① 1	② 4	③ 12	④ 14	⑤ 16
ウ	① 35.0	② 35.5	③ 36.0	④ 36.5	⑤ 37.0

(13　北海道薬科大　改)

63 ☆☆ **式量** 2分　次の化学式の中で、式量の値が最も小さいものを、次の①～⑤のうちから一つ選べ。

① NaCl　　　　　　② $MgCl_2$　　　　　　③ MgO

④ Na_2SO_4　　　　⑤ K_2SO_4

(00　センター追試)

64 ☆☆☆ **金属の原子量** 2分　ある金属Mの酸化物 MO_2 中には、Mが質量百分率で60%含まれている。Mの原子量として最も適当な値を、次の①～⑥のうちから一つ選べ。

① 12　② 24　③ 48　④ 72　⑤ 96　⑥ 144

(01　センター追試)

65 ☆☆☆ **物質量** 2分　下線部の数値が最も大きいものを、次の①～⑤のうちから一つ選べ。

① 0℃、$1.013×10^5$ Pa のアンモニア 22.4L に含まれる<u>水素原子の数</u>

② エタノール C_2H_5OH 1 mol に含まれる<u>酸素原子の数</u>

③ ヘリウム 1 mol に含まれる<u>電子の数</u>

④ 1 mol/L の塩化カルシウム水溶液 1 L 中に含まれる<u>塩化物イオンの数</u>

⑤ 黒鉛(グラファイト)12 g に含まれる<u>炭素原子の数</u>

(13　センター本試　改)

66 ☆☆☆ **物質量** 2分　物質の量に関する記述として**誤りを含むもの**を、次の①～④のうちから一つ選べ。

① 0℃、$1.013×10^5$ Pa において、4 L の水素は 1 L のヘリウムより軽い。

② 16 g のメタンには水素原子が 4.0 mol 含まれている。

③ 水 100 g に塩化ナトリウム 25 g を溶かした水溶液の質量パーセント濃度は20%である。

④ 水酸化ナトリウム 4.0 g を水に溶かして 100 mL とした水溶液のモル濃度は 1.0 mol/L である。

(17　センター本試)

67 ☆☆☆ **気体の体積** 2分　0℃、$1.013×10^5$ Pa において気体 1 g の体積が最も大きい物質を、次の①～④のうちから一つ選べ。

① O_2　　　② CH_4　　　③ NO　　　④ H_2S

(15　センター本試)

68 ☆☆☆ **気体の分子量** 2分　0℃、$1.013×10^5$ Pa で 2.8L を占める気体の質量が 2.0 g である物質として正しいものを、次の①～⑤のうちから一つ選べ。

① He　　　② N_2　　　③ O_2　　　④ Cl_2　　　⑤ CH_4

(00　センター追試　改)

☑ **69** ☆☆☆
混合気体 -2分- ヘリウム He と窒素 N_2 からなる混合気体 1.00 mol の質量が 10.0 g であった。この混合気体に含まれる He の物質量の割合は何%か。最も適当な数値を、次の①〜⑤のうちから一つ選べ。

① 30 ② 40 ③ 67
④ 75 ⑤ 90

(23 共通テスト本試)

☑ **70** ☆☆☆
気体の平均分子量 -2分- 0℃、1.013×10^5 Pa で酸素 6.0 L とアルゴン 2.0 L を混合した。この混合気体の平均分子量はおよそいくらか。次の①〜⑤のうちから最も適当な数値を一つ選べ。

① 18 ② 26 ③ 29 ④ 34 ⑤ 38

(98 センター本試 改)

☑ **71** ☆☆☆
気体の分子数・密度 -3分- 次の a 、b にあてはまるものを、解答群のうちから一つずつ選べ。

a 1 g に含まれる分子の数が最も多い物質。 (14 センター本試)

① 水 ② 窒素 ③ エタン C_2H_6
④ ネオン ⑤ 酸素 ⑥ 塩素

b 常温・常圧で空気より密度が大きいものの組合せ。 (02 センター本試)

① CH_4 と CO_2 ② N_2 と CO ③ O_2 と F_2
④ NH_3 と NO_2 ⑤ Ne と Ar

☑ **72** ☆☆ **実験**
水溶液の調製 -1分- 試料水溶液を正確に10倍に薄めるため、10 mL のホールピペットと 100 mL のメスフラスコを用いて、次の操作①〜⑤を順に行うこととした。これらの操作のうち**誤りを含むもの**を一つ選べ。

① メスフラスコ内部を純水で洗浄したのち、試料水溶液で洗って用いる。
② ホールピペットの内部を純水で洗浄したのち、試料水溶液で洗って用いる。
③ ホールピペットの標線に液面の底が合うように試料水溶液をとり、メスフラスコに移す。
④ メスフラスコの標線に液面の底が合うように純水を加える。
⑤ メスフラスコに栓をして、均一になるようによく混ぜる。

(13 センター本試)

☑ **73** ☆☆
水溶液のつくり方 -2分- 0.50 mol/L の硫酸銅(Ⅱ)水溶液をつくる方法について、最も適当なものを、次の①〜⑤のうちから一つ選べ。

① 硫酸銅(Ⅱ)五水和物 80 g を水 1 L に溶かす。
② 硫酸銅(Ⅱ)五水和物 80 g を水に溶かして 1 L にする。
③ 硫酸銅(Ⅱ)五水和物 80 g を水 920 g に溶かす。
④ 硫酸銅(Ⅱ)五水和物 125 g を水に溶かして 1 L にする。
⑤ 硫酸銅(Ⅱ)五水和物 125 g を水 875 g に溶かす。

☑ **74** ☆☆
水溶液の希釈 -2分- 質量パーセント濃度が36.5%の塩酸 50 g を純水で希釈して、希塩酸 500 mL をつくった。この希塩酸のモル濃度は何 mol/L か。最も適当な数値を次の①〜⑥のうちから一つ選べ。

① 0.10 ② 0.27 ③ 0.50 ④ 1.0 ⑤ 1.4 ⑥ 2.7

(14 センター本試)

H=1.0	He=4.0	C=12	N=14	O=16	F=19
Ne=20	S=32	Cl=35.5	Ar=40	Cu=64	

実践例題 ❽　水溶液の濃度

関連問題 ➡ 83・84

モル濃度 2.0 mol/L の硫酸の密度は 1.1 g/cm³ である。この硫酸の質量パーセント濃度として最も適当な数値を、次の①～⑥のうちから一つ選べ。

　① 8.9　　② 9.8　　③ 11　　④ 18　　⑤ 20　　⑥ 22　　　　(09　センター追試)

解説

質量パーセント濃度〔%〕$=\dfrac{\text{溶質の質量〔g〕}}{\text{溶液の質量〔g〕}}\times100$ なので、溶質

(硫酸)と溶液の質量をそれぞれ求めて、式に代入すればよい。
水溶液が 1 L（=1000 cm³）あると考えて、それぞれ求める。
2.0 mol/L 硫酸 1 L 中の H_2SO_4 の物質量は、2.0 mol である。
H_2SO_4 のモル質量は 98 g/mol なので、

　　　H_2SO_4 の質量=98 g/mol×2.0 mol=196 g

一方、質量〔g〕=密度〔g/cm³〕×体積〔cm³〕から、

　　　水溶液の質量=1.1 g/cm³×1000 cm³=1100 g

したがって、質量パーセント濃度は、

　　$\dfrac{H_2SO_4 \text{の質量}}{\text{水溶液の質量}}\times100=\dfrac{196\,g}{1100\,g}\times100=17.8〔\%〕$

● CHECK POINT

濃度の変換の問題では、体積が与えられていないケースが多い。このような場合、水溶液の体積を 1 L として計算するとよい。

溶質の物質量＝モル濃度×体積
　〔mol〕　　〔mol/L〕　〔L〕
質量パーセント濃度〔%〕$=\dfrac{\text{溶質の質量〔g〕}}{\text{溶液の質量〔g〕}}\times100$

解答 ④

実践例題 ❾　溶解度と析出量

関連問題 ➡ 86

80℃で、100 g の硝酸カリウム KNO_3 を水 100 g に溶かした。この溶液を27℃まで冷却したところ、硝酸カリウムが析出した。次の問い（ a・b ）に答えよ。ただし、硝酸カリウムは、水 100 g に対して27℃で 40 g、80℃で 169 g まで溶ける。

a　析出した硝酸カリウムの質量として最も適当な数値を、次の①～⑤のうちから一つ選べ。

　① 100　　② 80　　③ 60　　④ 40　　⑤ 20

b　27℃における、この飽和水溶液 10.0 mL の質量は 12.0 g であった。この溶液中に含まれる硝酸カリウムの質量はいくらか。次の①～⑤のうちから一つ選べ。

　① 2.9　　② 3.4　　③ 4.0　　④ 4.4　　⑤ 4.8　　　(02　センター本試　改)

解説

a　硝酸カリウムは、水 100 g に対して27℃で 40 g までしか溶けないので、冷却すると溶けきれなくなった硝酸カリウムが析出する。
　したがって、析出した結晶は、
溶けていた溶質〔g〕－27℃で溶ける溶質の最大量〔g〕
=100 g－40 g=60 g

b　27℃では、水 100 g に溶質 40 g が溶けて飽和になるので、飽和溶液 100 g+40 g=140 g 中に溶質 40 g が溶けている。したがって、飽和水溶液 12.0 g 中に含まれる溶質（KNO_3）の質量を x〔g〕とすると、

$\dfrac{\text{溶質の質量〔g〕}}{\text{飽和溶液の質量〔g〕}}=\dfrac{40\,g}{140\,g}=\dfrac{x〔g〕}{12.0\,g}$　　$x=3.4\,g$

● CHECK POINT

溶解度と温度の関係を表す曲線を**溶解度曲線**という。
温度が高くなると溶解度が大きくなる物質の水溶液は、冷却するとやがて飽和水溶液となる。これをさらに冷却すると、溶解度の差に相当する量の結晶が得られる。

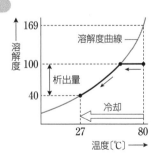

解答　a…③　b…②

実践問題

☑ **75** 原子と原子量 **1分** 原子に関する記述として下線部に**誤りを含むもの**を、次の①～⑤のうちから一つ選べ。

① 質量数18の酸素原子1個には、<u>中性子が10個含まれる</u>。
② 同位体が存在しない元素では、<u>原子量は原子の相対質量と一致する</u>。
③ 電子1個のもつ電気量の絶対値は、<u>陽子1個のもつ電気量の絶対値と等しい</u>。
④ <u>炭素の原子量は12と定義されている</u>。
⑤ ホウ素には天然に $^{10}_{5}B$ が20%、$^{11}_{5}B$ が80%の割合で存在するので、<u>ホウ素の原子量は10よりも11に近い</u>。

(07 センター追試)

☑ **76** 原子量 **2分** ある元素Mの単体1.30gを空気中で強熱したところ、すべて反応して酸化物 MO が1.62g生成した。Mの原子量として最も適当な数値を、次の①～⑤のうちから一つ選べ。

① 24 ② 48 ③ 52 ④ 56 ⑤ 65 (12 センター本試)

☑ **77** 合金の組成 **2分** 青銅は銅とスズの合金である。2.8kgの青銅**A**（質量パーセント：Cu 96%、Sn 4.0%）と1.2kgの青銅**B**（Cu 70%、Sn 30%）を混合して融解し、均一な青銅**C**をつくった。1.0kgの青銅**C**に含まれるスズの物質量は何 mol か。最も適当な数値を、次の①～⑤のうちから一つ選べ。

① 0.12 ② 0.47 ③ 0.99 ④ 4.0 ⑤ 12

(16 センター本試)

☑ **78** 氷中の水分子の数 **2分** 体積 $1.0cm^3$ の氷に、水分子は何個含まれるか。最も適当な数値を、次の①～⑥のうちから一つ選べ。ただし、氷の密度は $0.91g/cm^3$ とする。

① 3.0×10^{21} ② 3.3×10^{21} ③ 3.7×10^{21}
④ 3.0×10^{22} ⑤ 3.3×10^{22} ⑥ 3.7×10^{22}

(11 センター本試)

☑ **79** 水素の吸収 **2分** 水素を吸収するニッケル合金がある。このニッケル合金に水素を吸収させたところ、質量が0.30%増加した。この合金の $1cm^3$ は、0℃、$1.013 \times 10^5 Pa$ の水素を何 mL 吸収したか。最も適当な数値を、次の①～⑤のうちから一つ選べ。ただし、この合金の密度を $8.3g/cm^3$ とする。

① 28 ② 56 ③ 140 ④ 280 ⑤ 560 (00 センター本試 改)

☑ **80** ドライアイスの状態変化 **2分** ドライアイスが気体に変わると、0℃、$1.013 \times 10^5 Pa$ で体積はおよそ何倍になるか。最も適当な数値を、次の①～⑤のうちから一つ選べ。ただし、ドライアイスの密度は、$1.6g/cm^3$ であるとする。

① 320 ② 510 ③ 640 ④ 810 ⑤ 1000

(12 センター本試 改)

☑ **81** 気体の推定 **2分** 0℃、$1.013 \times 10^5 Pa$ で、ある体積の空気の質量を測定したところ 0.29g であった。次に、同体積の別の気体の質量を測定したところ 0.58g であった。この気体は何か。最も適当なものを次の①～⑤のうちから一つ選べ。ただし、空気は窒素と酸素の体積比が4:1の混合気体とする。

① アルゴン Ar ② キセノン Xe ③ プロパン C_3H_8
④ ブタン C_4H_{10} ⑤ 二酸化炭素 CO_2

(06 センター本試 改)

H=1.0	C=12	N=14	O=16		S=32
Ar=40	Cu=64	Sn=119	Xe=131		

82 混合気体の物質量の割合 **3分** 純物質の

気体**ア**と**イ**からなる混合気体について、混合気体中の**ア**の物質量の割合と混合気体のモル質量の関係を図に示した。0℃、1.0×10^5 Pa の条件で密閉容器に**ア**を封入したとき、**ア**の質量は 0.64 g であった。

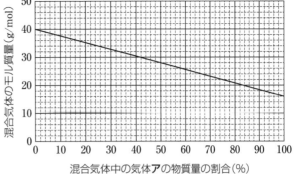

次に、**ア**と**イ**をある割合で混合し、同じ温度・圧力で同じ体積の密閉容器に封入したとき、混合気体の質量は 1.36 g であった。この混合気体に含まれる**ア**の物質量の割合は何%か。最も適当な数値を、次の①～⑥のうちから一つ選べ。

① 19   ② 25   ③ 34   ④ 60   ⑤ 75   ⑥ 88

(24 共通テスト本試)

83 モル濃度 **2分** 9.2 g のグリセリン $C_3H_8O_3$ を 100 g の水に溶解させた水溶液は、25℃で密度 1.0 g/cm³ であった。この溶液中のグリセリンのモル濃度は何 mol/L か。最も適当な数値を一つ選べ。

① 0.00092   ② 0.0010   ③ 0.0011   ④ 0.92   ⑤ 1.0   ⑥ 1.1

(07 センター本試)

84 溶液の濃度 **4分** 溶液の濃度に関する次の問い a、b に答えよ。

a 質量パーセント濃度49%の硫酸水溶液のモル濃度は何 mol/L か。最も適当な数値を、次の①～⑥のうちから選べ。ただし、この硫酸水溶液の密度は 1.4 g/cm³ とする。

① 3.6   ② 5.0   ③ 7.0   ④ 8.6   ⑤ 10   ⑥ 14   (13 センター本試)

b 14 mol/L のアンモニア水の質量パーセント濃度は何%か。最も適当な数値を、次の①～⑥のうちから一つ選べ。ただし、このアンモニア水の密度は 0.90 g/cm³ とする。

① 2.1   ② 2.4   ③ 2.6   ④ 21   ⑤ 24   ⑥ 26   (12 センター追試)

85 混合溶液の濃度 **2分** 塩化ナトリウム NaCl の濃度が a〔mol/L〕と b〔mol/L〕の水溶液**A**と**B**がある。水溶液**A**と**B**を混ぜて NaCl の濃度が c〔mol/L〕の水溶液を V〔L〕つくるのに必要な水溶液**A**の体積は何 L か。この体積〔L〕を表す式として正しいものを、次の①～⑥のうちから一つ選べ。ただし、混合後の水溶液の体積は、混合前の二つの水溶液の和に等しいとする。また $a < c < b$ とする。

① $\dfrac{V(b+c)}{(a+b)}$ ② $\dfrac{V(b-c)}{(a+b)}$ ③ $\dfrac{V(b-c)}{(b-a)}$ ④ $\dfrac{V(b-a)}{(b+c)}$ ⑤ $\dfrac{V(b-a)}{(b-c)}$ ⑥ $\dfrac{V(a+b)}{(b-c)}$

(03 センター追試)

86 溶解度曲線 **2分** 図は、硝酸カリウムの溶解度（水 100 g に溶ける質量〔g〕）と温度の関係を示す。さまざまな温度で水 100 g に硝酸カリウム 40 g を加え、十分にかきまぜたのち、それぞれの温度に保ったままろ過して水溶液をつくった。これらの溶液に関する記述①～④のうちから、**誤りを含むもの**を一つ選べ。

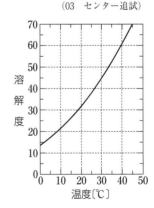

① 30℃でつくった溶液は、質量パーセント濃度が約29%である。

② 30℃でつくった溶液はちょうど飽和溶液になっている。

③ 40℃でつくった溶液を10℃に冷やすと、約18 g の結晶が析出する。

④ 40℃でつくった溶液に、同じ温度で硝酸カリウムを18 g 加えると、すべて溶ける。

(98 センター本試 改)

5 化学反応式

1 状態変化と化学変化

($\mathcal{7}$　　　　　)変化　物質の状態(構成粒子の集合状態)が変わること。**物理変化、三態変化**ともいう。

($\mathcal{1}$　　　　　)変化　ある物質が他の物質に変わる(成分元素の組合せが変わる)こと。反応する物質を
($\mathcal{\dot{7}}$　　　　　)、生成する物質を($\mathtt{I}$　　　　　)という。

2 化学反応式とイオン反応式

①**化学反応式**　左辺に反応物、右辺に生成物を記して矢印で結び、左辺と右辺の原子の数が等しくなるように係数をつけたもの。係数は最も簡単な($\mathcal{t}$　　　　　)になるようにし、1は省略する。化学変化の前後で変化しない溶媒や($\mathcal{b}$　　　　)(反応を促進する物質)などは、化学反応式中に記さない。

> 例　過酸化水素水に酸化マンガン(Ⅳ)を加える　$2H_2O_2 \longrightarrow 2H_2O + O_2$(酸化マンガン(Ⅳ)は触媒なので示さない)

②**イオン反応式**　イオンが関係する反応で、反応に関与しないイオンを省略した反応式。
左辺と右辺のイオンの($\mathcal{\dagger}$　　　　)の総和が等しくなるように係数をつける。

> 例　硝酸銀水溶液に銅板を浸すと、銀と硝酸銅(Ⅱ)が生成する　$2Ag^+ + Cu \longrightarrow 2Ag + Cu^{2+}$

3 化学反応式と量的関係

化学反応式の係数は、粒子数の比や物質量の比を表すほか、気体の場合には($\mathcal{7}$　　　　　)の比も表す。

> 例　メタン1 molの燃焼(体積は0℃、1.013×10^5 Paの値)

化学反応式	CH_4	$+$	$2O_2$	$\longrightarrow$	CO_2	$+$	$2H_2O$
物質量〔mol〕	1		2		1		2
分子の数〔個〕	$6.0 \times 10^{23} \times 1$		$6.0 \times 10^{23} \times 2$		$6.0 \times 10^{23} \times 1$		$6.0 \times 10^{23} \times 2$
質量〔g〕	16×1		32×2		44×1		18×2
体積〔L〕	22.4×1		22.4×2		22.4×1		——

4 化学反応における諸法則

法則名	法則の内容
($\mathcal{b}$　　　　)の法則 1774年、ラボアジエ	反応の前後で、反応物の質量の総和と生成物の質量の総和は常に等しい。
($\mathcal{\beth}$　　　　)の法則 1799年、プルースト	同じ化合物中の成分元素の質量比は、常に一定である。
($\mathcal{\dagger}$　　　　)の法則 1803年、ドルトン	2種類の元素A、Bからなる化合物が2種類以上あるとき、Aの一定量と結びつくBの質量は、化合物どうしで簡単な整数比になる。
($\mathcal{\dot{\triangleright}}$　　　　)の法則 1808年、ゲーリュサック	気体が反応したり、生成したりする化学反応において、これらの気体の体積比は、同温、同圧のもとで簡単な整数比になる。
($\mathcal{Z}$　　　　)の法則 1811年、アボガドロ	同温、同圧のもとで、同体積の気体は、気体の種類に関係なく、同数の分子を含む。

解答

(ア) 状態　(イ) 化学　(ウ) 反応物　(エ) 生成物
(オ) 整数比　(カ) 触媒　(キ) 電荷　(ク) 体積
(ケ) 質量保存　(コ) 定比例　(サ) 倍数比例
(シ) 気体反応　(ス) アボガドロ

> **共通テスト攻略のPoint!**
> 化学反応式と物質の量的関係は、気体の発生や沈殿の生成、混合物の燃焼などさまざまな反応で練習しておくこと。化学反応における諸法則名と内容は、確実に一致させておく。

必修例題 ⑩ 化学反応式

関連問題 ➡ 89

水素とメタンの物質量の比が2:1の混合気体が0℃、$1.013×10^5$Pa で3.0L ある。これを完全燃焼させるには、0℃、$1.013×10^5$Pa の空気は何L必要か。最も適当な数値を、次の①〜⑥のうちから一つ選べ。ただし、空気に含まれる酸素の体積の割合は20%とする。

① 2.0　② 3.0　③ 4.0　④ 12　⑤ 15　⑥ 23　　(14 センター本試 改)

解説

混合気体3.0L に水素 H_2 とメタン CH_4 が2:1の割合で含まれているので、混合気体中の各気体の体積は水素2.0L、メタン1.0L となる。水素およびメタンの燃焼を表す化学反応式は次のようになるので、その係数比から、反応物の変化量を知ることができる。

$$2H_2 + O_2 \longrightarrow 2H_2O$$
$$2.0L \quad 1.0L \quad\quad —$$
$$CH_4 + 2O_2 \longrightarrow CO_2 + 2H_2O$$
$$1.0L \quad 2.0L \quad\quad 1.0L \quad —$$

したがって、混合気体3.0L を完全燃焼させるのに必要な酸素 O_2 は、1.0L+2.0L=3.0L である。3.0L の酸素を得るために必要な空気の体積を x〔L〕とすると、次式が成り立つ。

$$x〔L〕×\frac{20}{100}=3.0L \quad\quad x=15L$$

CHECK POINT

・メタン CH_4 のような炭素と水素のみからなる化合物(炭化水素)を完全燃焼させると、二酸化炭素と水が生成する。
・水素とメタンは反応しないため、各気体の燃焼の化学反応式は別々に表す。
・化学反応式の係数は、物質量の比および同温・同圧における気体の体積比を表す。この場合、必要な空気の体積を求めるので、体積を用いて計算するとよい。

解答 ⑤

必修例題 ⑪ 酸素と水素の反応

関連問題 ➡ 95

0℃、$1.013×10^5$Pa で酸素20mL と水素10mL を混合し、これに点火したところ、水が生成した。反応後の気体を0℃、$1.013×10^5$Pa にしたときの記述として最も適当なものを、次の①〜⑥のうちから一つ選べ。

① 酸素も水素も残らなかった。　② 水素2.5mL が残った。
③ 水素5mL が残った。　④ 酸素5mL が残った。
⑤ 酸素10mL が残った。　⑥ 酸素15mL が残った。

(06 センター追試〔IA〕 改)

解説

酸素 O_2 と水素 H_2 の反応は次のように表される。

$$O_2 + 2H_2 \longrightarrow 2H_2O$$

化学反応式の係数比は $O_2:H_2=1:2$ なので、反応に必要な量は酸素よりも水素の方が多い。一方、問題で与えられた量は酸素(20mL)よりも水素(10mL)の方が少ないため、水素がすべて反応することがわかる。10mL の水素がすべて反応するので、反応した酸素は化学反応式の係数比から、$\frac{10mL}{2}=5.0mL$ となる。

化学反応式	O_2	+	$2H_2$	$\longrightarrow$	$2H_2O$	
反応前の量	20		10		0	〔mL〕
変化した量	−5.0		−10		—	〔mL〕
反応後の量	15		0		—	〔mL〕

水は液体になっている。

以上のことから、酸素15mL が反応せずに残る。

CHECK POINT

この問題のように、反応前の酸素および水素の量、すなわち反応物の量が複数与えられている場合、反応物の過不足を考える。

過不足のある反応の量的関係は、表を作成して考えるとよい。

反応で変化した量を考える場合、すべて反応する物質(この問題の場合は水素)を基準として考える。

解答 ⑥

必修問題

87 ☆☆☆ **化学反応式の係数** 2分 次の化学反応式中の係数（**a**～**c**）の組合せとして正しいものを、右の①～⑧のうちから一つ選べ。

$\boxed{}$ H$_2$ + $\boxed{}$ O$_2$ ⟶ $\boxed{a}$ H$_2$O

$\boxed{}$ Cu + $\boxed{b}$ Ag$^+$ ⟶ $\boxed{}$ Cu^{2+} + $\boxed{}$ Ag

$\boxed{}$ Al + $\boxed{}$ H$^+$ ⟶ $\boxed{}$ Al^{3+} + $\boxed{c}$ H$_2$

	a	b	c
①	1	1	1
②	1	1	3
③	1	2	1
④	1	2	3
⑤	2	1	1
⑥	2	1	3
⑦	2	2	1
⑧	2	2	3

88 ☆☆ **化学変化と分子の総数** 3分 反応の前後において**分子の総数に変化がない反応**を、次の①～⑤のうちから一つ選べ。

① 窒素 + 水素 ⟶ アンモニア
② 窒素 + 酸素 ⟶ 一酸化窒素
③ 二酸化窒素 ⟶ 四酸化二窒素
④ アンモニア + 酸素 ⟶ 一酸化窒素 + 水
⑤ 一酸化窒素 + 酸素 ⟶ 二酸化窒素

(00 センター追試)

89 ☆ **プロパンの完全燃焼** 1分 気体のプロパン（C$_3$H$_8$）1 L を完全燃焼させると、二酸化炭素は何 L 生成するか。次の①～⑥のうちから、正しいものを一つ選べ。ただし、気体の体積は同じ温度、同じ圧力で測るものとする。

① 1 ② 2 ③ 3 ④ 4 ⑤ 5 ⑥ 6 (97 センター追試〔IA〕)

90 ☆☆☆ **一酸化炭素の生成** 2分 赤熱したコークス（主成分は炭素）に水蒸気 0.50 mol を通じると、水蒸気がなくなって、水素と一酸化炭素が同じ物質量ずつ生じた。この反応で消費された炭素は何 g か。最も適当な数値を、次の①～⑤のうちから一つ選べ。

① 0.50 ② 3.0 ③ 6.0 ④ 9.0 ⑤ 12 (99 センター本試)

91 ☆☆☆ **エタノールの燃焼** 2分 トウモロコシの発酵により生成したエタノール C$_2$H$_5$OH を完全燃焼させたところ、44 g の二酸化炭素が生成した。このとき燃焼したエタノールの質量は何 g か。最も適当な数値を、次の①～⑥のうちから一つ選べ。

① 22 ② 23 ③ 32 ④ 44 ⑤ 46 ⑥ 64 (17 センター本試)

92 ☆☆☆ **酸素の発生** 2分 質量パーセント濃度3.4%の過酸化水素水 10 g を少量の酸化マンガン（Ⅳ）に加えて、酸素を発生させた。過酸化水素が完全に反応すると、発生する酸素の体積は 0 ℃、1.013×10^5 Pa で何 L か。最も適当な数値を、次の①～⑥のうちから一つ選べ。

① 0.056 ② 0.11 ③ 0.22 ④ 0.56 ⑤ 1.1 ⑥ 2.2 (12 センター本試 改)

H=1.0	C=12	O=16	Mg=24	S=32
Cl=35.5	Fe=56	Cu=64	Ba=137	

☑ **93 空気制御システム** 2分 　宇宙ステーション内では、次の2つの反応を利用して、空気に含まれる酸素 O_2 と二酸化炭素 CO_2 の濃度を適切に管理する空気制御システムを稼働させている。

$$2H_2O \longrightarrow 2H_2 + O_2 \quad (1) \qquad CO_2 + 4H_2 \longrightarrow CH_4 + 2H_2O \quad (2)$$

式(1)の反応によって3.2kgの O_2 が生成したとき、同時に生成した H_2 だけを用いると、式(2)の反応で得られる H_2O の質量は何 kg か。最も適当な数値を、次の①～⑥のうちから一つ選べ。ただし、式(2)の反応に用いる CO_2 は十分な量があるものとする。

① 0.90　② 1.6　③ 1.8　④ 3.2　⑤ 3.6　⑥ 6.4　　　　(24 共通テスト本試　改)

☑ **94 マグネシウムの純度** 2分 　主成分がマグネシウムからなる15gの合金を十分量の塩酸に入れると、0℃、$1.013×10^5$ Pa で11.2Lの水素が発生した。合金に含まれるマグネシウムの純度〔%〕として最も近い数値を、次の①～⑤のうちから一つ選べ。ただし、マグネシウム以外は塩酸と反応しないものとする。

① 50　② 60　③ 70　④ 80　⑤ 90　　　　(13 神戸学院大　改)

☑ **95 メタンの完全燃焼** 2分 　0℃、$1.013×10^5$ Pa で10mLのメタンと40mLの酸素を混合し、メタンを完全燃焼させた。燃焼前後の気体の体積を0℃、$1.013×10^5$ Pa で比較するとき、その変化に関する記述として最も適当なものを、次の①～⑤のうちから一つ選べ。ただし、生成した水は、すべて液体であるとする。

① 20mL 減少する。　　② 10mL 減少する。　　③ 変化しない。

④ 10mL 増加する。　　⑤ 20mL 増加する。　　　　(11 センター本試　改)

☑ **96 水和水の数** 2分 　$CuSO_4·nH_2O$ の化学式で表される硫酸銅(Ⅱ)の水和水(結晶水)の数 n を決めるために、次の実験を行った。この硫酸銅(Ⅱ)1.78gを水に溶かし、塩化バリウム水溶液を十分に加えたところ、2.33gの硫酸バリウムの沈殿が得られた。n の値として最も適当な数を、次の①～⑤のうちから一つ選べ。

① 1　② 2　③ 3　④ 4　⑤ 5　　　　(14 センター本試　改)

☑ **97 化学の基本法則** 3分 　次の a～e の法則について、それぞれの説明の正誤の組合せが正しいものを、下の①～⑧のうちから一つ選べ。

a 倍数比例の法則　2種類の元素からなる化合物がいくつかあるとき、一方の元素の一定質量と結びついている他方の元素の質量は、化合物の間で簡単な整数比になる。

b 気体反応の法則　化学反応の前後で、反応に関係した物質の総質量は変わらない。

c 定比例の法則　同温・同圧のもとで、反応する気体や生成する気体の体積の間には、簡単な整数比が成り立つ。

d 質量保存の法則　ある化合物中の元素の質量の比は、その化合物のつくり方に関係なく常に一定になる。

e アボガドロの法則　同温・同圧のもとで、すべての気体の同体積中には、同数の分子が含まれる。

	a	b	c	d	e
①	正	正	正	誤	誤
②	正	正	誤	正	誤
③	正	誤	誤	正	誤
④	正	誤	誤	誤	正
⑤	誤	正	正	正	誤
⑥	誤	誤	正	誤	正
⑦	誤	正	誤	正	正
⑧	誤	誤	誤	正	正

(99 センター追試　改)

物質量の合計が $1.0\,mol$ であるメタンとプロパン C_3H_8 の混合気体を完全燃焼させたところ、水(液体)と二酸化炭素が合わせて $4.6\,mol$ 生成した。このとき消費された酸素の物質量は何 mol か。最も適当な数値を、次の①〜⑤のうちから一つ選べ。

① 2.5   ② 2.8   ③ 3.2   ④ 3.5   ⑤ 4.0

解説

反応前のメタン CH_4 およびプロパン C_3H_8 の物質量をそれぞれ $x\,(mol)$、$y\,(mol)$ とすると、反応前の物質量の合計から、次式が成り立つ。

$$x+y=1.0\,mol \qquad \cdots①$$

一方、各気体の完全燃焼の化学反応式とその量的関係は、

$$CH_4 \quad + \quad 2O_2 \quad \longrightarrow \quad CO_2 \quad + \quad 2H_2O$$
$$x \qquad\quad 2x \qquad\qquad\quad x \qquad\qquad 2x \quad (mol) \longrightarrow 3x\,(mol)$$
$$C_3H_8 \quad + \quad 5O_2 \quad \longrightarrow \quad 3CO_2 \quad + \quad 4H_2O$$
$$y \qquad\quad 5y \qquad\qquad\quad 3y \qquad\qquad 4y \quad (mol) \longrightarrow 7y\,(mol)$$

反応後の H_2O と CO_2 の物質量の合計が $4.6\,mol$ なので、次式が成り立つ。

$$3x+7y=4.6\,mol \qquad \cdots②$$

①、②式から、$x=0.60\,mol$、$y=0.40\,mol$ が得られる。
混合気体の燃焼で消費された酸素の物質量は、$2x+5y\,(mol)$ なので、

$$2x+5y=2\times0.60\,mol+5\times0.40\,mol=3.2\,mol$$

● **CHECK POINT**

混合物の化学変化を扱うときは、何と何が直接反応しているかに注意する。この場合、メタンとプロパンは直接反応せず、それぞれが燃焼するので、燃焼の化学反応式を別々に表す必要がある。
未知数が x と y の2つなので、それらに関する式を2つ立てることができれば、各値が求められる。

解答 ③

$0.24\,g$ のマグネシウムに $1.0\,mol/L$ の塩酸を少量ずつ加え、発生した水素を捕集して、その体積を $0\,℃$、$1.013\times10^5\,Pa$ で測定した。このとき加えた塩酸の体積と発生した水素の体積との関係を表す図として最も適当なものを、次の①〜④のうちから一つ選べ。 (00 センター本試 改)

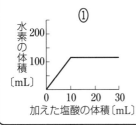 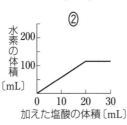 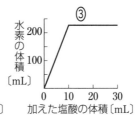 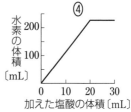

解説 マグネシウム Mg は塩酸と反応して、水素 H_2 を発生する。

$$Mg+2HCl \longrightarrow MgCl_2+H_2$$

$0.24\,g$ の $Mg\,(=24\,g/mol)$ は $\dfrac{0.24}{24}=0.010\,mol$ なので、化学反応式の係数から、反応する HCl は $0.010\times2=0.020\,mol$、発生する H_2 は $0.010\,mol$ である。Mg と過不足なく反応する $1.0\,mol/L$ 塩酸を $V\,(L)$ とすると、

$$1.0\,mol/L\times V\,(L)=0.020\,mol \qquad V=\dfrac{20}{1000}\,L=20\,mL$$

したがって、塩酸が $20\,mL$ 以上では、Mg がすべて反応し、発生する H_2 は $0.010\,mol$ で一定となる。このときの H_2 の体積は次のようになる。

$$22.4\,L/mol\times0.010\,mol=0.224\,L=224\,mL$$

● **CHECK POINT**

化学反応式の係数から、$0.24\,g$ の Mg が過不足なく反応するときの HCl の物質量を求める。
濃度 $c\,(mol/L)$、体積 $V\,(L)$ の溶液中に含まれる溶質の物質量 (mol) は、次式で求められる。

$$c\,(mol/L)\times V\,(L)$$

解答 ④

実践問題

☑ **98** ☆☆ **化学反応式の係数** **2分**　我が国の火力発電所では、燃料の燃焼
で生じるガス中に含まれる微量の一酸化窒素を、触媒の存在下でア
ンモニアおよび酸素と反応させる方法で、無害な窒素に変えて排出
している。このことに関連する次の化学反応式中の係数（$a \sim c$）の
組合せとして正しいものを、右の①〜⑥のうちから一つ選べ。

$$a\text{NO} + b\text{NH}_3 + \text{O}_2 \longrightarrow 4\text{N}_2 + c\text{H}_2\text{O}$$

（08　センター本試）

	a	b	c
①	2	4	4
②	2	6	4
③	2	6	9
④	4	4	6
⑤	4	9	6
⑥	6	2	3

☑ **99** ☆☆☆ **マグネシウムの酸化** **2分**

マグネシウムは、次の化学反応式
にしたがって酸素と反応し、酸化
マグネシウム MgO を生成する。

$$2\text{Mg}+\text{O}_2 \longrightarrow 2\text{MgO}$$

マグネシウム 2.4 g と体積 V〔L〕
の酸素を反応させたとき、質量 m
〔g〕の酸化マグネシウムを生じた。
V と m の関係を示すグラフとして
最も適当なものを、右の①〜⑥の
うちから一つ選べ。ただし、酸素
の体積は 0℃、1.013×10^5 Pa にお
ける体積とする。

（04　センター追試　改）

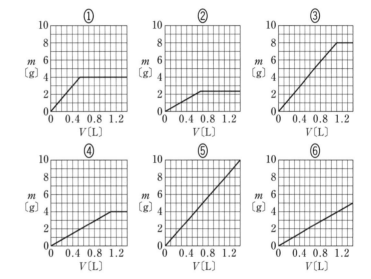

☑ **100** ☆☆ **混合気体の燃焼** **3分**　一酸化炭素とエタン C_2H_6 の
混合気体を、触媒の存在下で十分な量の酸素を用いて完全
に酸化したところ、二酸化炭素 0.045 mol と水 0.030 mol
が生成した。反応前の混合気体中の一酸化炭素とエタンの
物質量〔mol〕の組合せとして正しいものを、右の①〜⑥の
うちから一つ選べ。　（02　センター本試）

	一酸化炭素の 物質量〔mol〕	エタンの物質 量〔mol〕
①	0.030	0.015
②	0.030	0.010
③	0.025	0.015
④	0.025	0.010
⑤	0.015	0.015
⑥	0.015	0.010

☑ **101** ☆☆ **金属混合物の反応** **3分**　マグネシウムと亜鉛の混合物 1.37 g を完全に塩酸と反応させたところ、
0℃、1.013×10^5 Pa で 896 mL の水素が発生した。このとき、混合物中のマグネシウムと亜鉛の物質
量の比として最も適当なものを、次の①〜⑦のうちから一つ選べ。

　　① 1：1　　② 1：2　　③ 1：3　　④ 2：1　　⑤ 2：3　　⑥ 3：1　　⑦ 3：2

（13　獨協医科大　改）

第Ⅱ章　物質の変化

☑ **102** ☆☆ **アンモニアの生成** 3分　窒素 1.00 mol と水素 3.00 mol を混合し、触媒を用いて反応させたところ、窒素の 25.0% がアンモニアに変化した。0℃、1.013×10⁵ Pa で反応前後の混合気体の体積を比較するとき、その変化に関する記述として最も適当なものを、次の①〜⑤のうちから一つ選べ。

① 22.4 L 減少する。　② 16.8 L 減少する。　③ 11.2 L 減少する。

④ 5.60 L 減少する。　⑤ 変化しない。　　　　　　　　　　（12　センター追試　改）

☑ **103** ☆ **オゾンの生成** 3分　温度と圧力を一定に保ち、1000 mL の酸素中で無声放電したところ、酸素の一部が次のように反応してオゾンを生じ、その体積が 960 mL となった。反応後、気体中のオゾンの体積百分率はいくらか。次の①〜⑤のうちから一つ選べ。

$3O_2 \longrightarrow 2O_3$

① 4.0%　　② 4.2%　　③ 8.0%　　④ 8.3%　　⑤ 12.5%　　（04　自治医科大　改）

☑ **104** ☆☆ **自動車の燃料消費量** 3分　ある自動車が 10 km 走行したとき 1.0 L の燃料を消費した。このとき発生した二酸化炭素の質量は、平均すると 1 km あたり何 g か。最も適当な数値を、次の①〜⑥のうちから一つ選べ。ただし、燃料は完全燃焼したものとし、燃料に含まれる炭素の質量の割合は85%、燃料の密度は 0.70 g/cm³ とする。

① 16　　② 33　　③ 60　　④ 220　　⑤ 260　　⑥ 450　　（10　センター本試）

☑ **105** ☆☆☆ **アンモニアの発生** 2分　8本の試験管に水酸化カルシウムを 0.010 mol ずつ入れた。次に、それぞれの試験管に 0.0025 mol から 0.0200 mol まで 0.0025 mol きざみの物質量の塩化アンモニウムを加えた。この8本の試験管を反応させ、アンモニア発生の反応が終了した後、発生したアンモニアの物質量をそれぞれ調べた。発生したアンモニアと加えた塩化アンモニウムの物質量の関係を示すグラフとして最も適当なものを、次の①〜⑥のうちから一つ選べ。

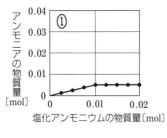
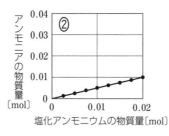
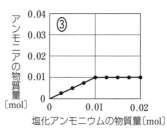
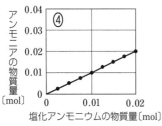
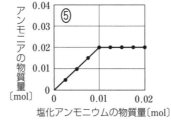
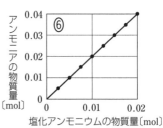

（08　センター本試　改）

☑ **106** ☆ **金属の原子量** ‹2分› 次のように、ある金属Mは塩酸と反応して水素を発生する。

M＋2HCl ⟶ MCl₂＋H₂

反応するMの質量と発生する水素の物質量の関係が図のようになるとき、Mの原子量はいくらか。最も適当な数値を、次の①〜⑤のうちから一つ選べ。

① 20　　② 25　　③ 40
④ 50　　⑤ 80

(15　センター本試)

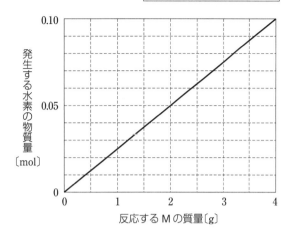

☑ **107** ☆☆☆ **金属の析出** ‹2分› 3.0gの亜鉛板を硝酸銀水溶液に浸したところ、亜鉛が溶解して銀が析出した。溶解せずに残った亜鉛の質量が1.7gのとき、析出した銀の質量は何gか。最も適当な数値を、次の①〜⑤のうちから一つ選べ。

① 1.1　　② 2.2　　③ 2.8　　④ 4.3　　⑤ 5.0　　(12　センター追試)

☑ **108** ☆☆ **有機化合物の化学式** ‹3分› ある有機化合物0.80gを完全に燃焼させたところ、1.1gの二酸化炭素と0.90gの水のみが生成した。この化合物の化学式として最も適当なものを、次の①〜⑥のうちから一つ選べ。

① CH₄　　② CH₃OH　　③ HCHO
④ C₂H₄　　⑤ C₂H₅OH　　⑥ CH₃COOH　　(16　センター本試)

☑ **109** ☆☆ **化学の基本法則** ‹2分› 水素と酸素から水が生成する気体反応のモデルとして、右の①〜④を考えた場合、そのうちの三つのモデルは不適当であった。次のa〜cに示した理由にあてはまるものを、①〜④のうちからそれぞれ一つずつ選べ。ただし、白丸(○)は水素原子、黒丸(●)は酸素原子、立方体は単位体積を表す。

a 質量保存の法則に反している。

b この反応の体積変化を正しく表していない。

c ドルトンの原子説と矛盾している。

(02　センター本試〔IA〕)

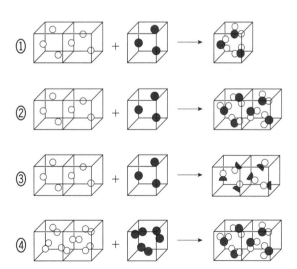

6 酸と塩基

1 酸・塩基

アレニウスの定義	酸……水に溶かしたときに電離して(ア	)を生じる化合物
	塩基…水に溶かしたときに電離して(イ	)を生じる化合物
ブレンステッドの定義	酸……(ウ	)を与えることができる物質
（ブレンステッド・ローリーの定義）	塩基…(エ	)を受け取ることができる物質

2 水素イオン濃度

①電離度

$$\text{電離度}\,\alpha = \frac{\text{電離した電解質の物質量〔mol〕}}{\text{溶かした電解質の物質量〔mol〕}} \quad (0 < \alpha \leq 1)$$

(オ　)酸・(カ　)塩基…濃度によらず電離度がほぼ 1 。

(キ　)酸・(ク　)塩基…濃度が大きいときは電離度が小さい。濃度が小さくなると電離度が大きくなる。

②水素イオン濃度と水素イオン指数 pH

純粋な水では、水素イオン濃度$[H^+]$と水酸化物イオン濃度$[OH^-]$は等しい。25℃における値はいずれも(ケ　)mol/L である。

水素イオン指数 pH　$[H^+] = 1.0 \times 10^{-a}$ mol/L のとき、pH = (コ　)

(サ　)性：$[H^+] > 1.0 \times 10^{-7}$ mol/L であり、pH (シ　)7

　　中性　　　：$[H^+] = 1.0 \times 10^{-7}$ mol/L であり、pH 　=　7

(ス　)性：$[H^+] < 1.0 \times 10^{-7}$ mol/L であり、pH (セ　)7

	強 ←				酸性			弱	中性	弱			塩基性			→ 強
pH	0	1	2	3	4	5	6	7	8	9	10	11	12	13	14
$[H^+]$	1	10^{-1}	10^{-2}	10^{-3}	10^{-4}	10^{-5}	10^{-6}	10^{-7}	10^{-8}	10^{-9}	10^{-10}	10^{-11}	10^{-12}	10^{-13}	10^{-14}
$[OH^-]$	10^{-14}	10^{-13}	10^{-12}	10^{-11}	10^{-10}	10^{-9}	10^{-8}	10^{-7}	10^{-6}	10^{-5}	10^{-4}	10^{-3}	10^{-2}	10^{-1}	1

3 中和と塩

①(ソ　)…酸と塩基が互いにその性質を打ち消し合う変化

　　　酸＋塩基 ⟶ (タ　)＋水

②**塩の種類**

(チ　)塩…酸のすべてのHを他の陽イオンで置き換えた塩　例　NaCl

(ツ　)塩…酸の一部のHを他の陽イオンで置き換えた塩　例　$NaHCO_3$

(テ　)塩…塩基の一部の OH を他の陰イオンで置き換えた塩　例　$MgCl(OH)$、$CuCl(OH)$

注意　これらの分類は、塩の組成にもとづくものであり、水溶液の性質（液性）によるものではない。

③**塩の反応**　弱酸（弱塩基）の塩に強酸（強塩基）を加えると、弱酸（弱塩基）が遊離する。

　　　　弱酸の塩＋強酸 ⟶ 強酸の塩＋**弱酸**　　　（弱酸の遊離）

　　　　弱塩基の塩＋強塩基 ⟶ 強塩基の塩＋**弱塩基**　　　（弱塩基の遊離）

塩のタイプ	正塩の例		液性
強酸＋強塩基	NaCl	Na_2SO_4	中性
強酸＋弱塩基	NH_4Cl	$CuSO_4$	酸性
弱酸＋強塩基	CH_3COONa	Na_2CO_3	塩基性

注意　$NaHCO_3$ は酸性塩であるが、水溶液は塩基性を示す。$NaHSO_4$ も酸性塩であり、その水溶液中では電離して H^+ を生じるため、酸性を示す。

4 中和滴定

①中和の量的関係 酸と塩基が過不足なく中和したとき、次式が成り立つ。

酸から生じる H^+ の物質量＝塩基から生じる OH^- の物質量

濃度が c〔mol/L〕の a 価の酸の水溶液 V〔L〕と、濃度が c'〔mol/L〕の b 価の塩基の水溶液 V'〔L〕とが過不足なく中和したとき、次式が成り立つ。

$$\left(^{ト} \qquad\qquad = \qquad\qquad\right)$$

②中和滴定で用いるガラス器具

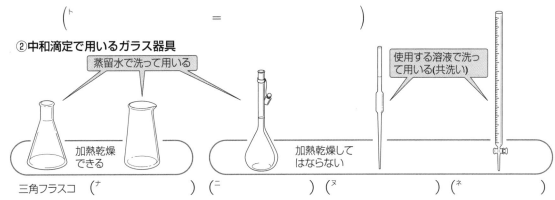

蒸留水で洗って用いる　　　　　　　使用する溶液で洗って用いる(共洗い)

三角フラスコ（^{ナ}　　　）　加熱乾燥できる　（^{ニ}　　　）（^{ヌ}　　　）加熱乾燥してはならない（^{ネ}　　　）

③中和滴定曲線 中和滴定において、加えた塩基、または酸の水溶液の体積と、混合水溶液の pH との関係を表す曲線

酸・塩基の指示薬…pH に応じて色が変わる物質が用いられる。

指示薬	変色域の pH
メチルオレンジ	3.1　〜　4.4 赤色　（^{ヘ}　　）色
フェノールフタレイン	8.0　〜　9.8 （^{ホ}　）色　（^{マ}　）色

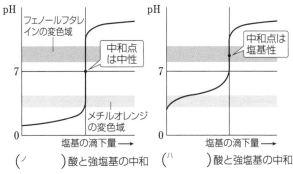

（^{ノ}　　　）酸と強塩基の中和　（^{ハ}　　　）酸と強塩基の中和

◆中和滴定と指示薬

指示薬	メチルオレンジ	フェノールフタレイン
強酸＋強塩基	○	○
強酸＋弱塩基	^{ミ}	^{ム}
弱酸＋強塩基	^{メ}	^{モ}

○：使用可　×使用不可

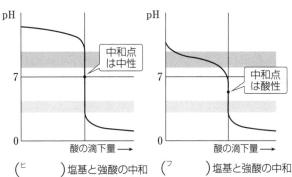

（^{ヒ}　　　）塩基と強酸の中和　（^{フ}　　　）塩基と強酸の中和

解答

（ア）$H^+(H_3O^+)$　（イ）OH^-　（ウ）H^+　（エ）H^+　（オ）強
（カ）強　（キ）弱　（ク）弱　（ケ）$1.0×10^{-7}$　（コ）a　（サ）酸
（シ）<　（ス）塩基　（セ）>　（ソ）中和　（タ）塩　（チ）正　（ツ）酸性
（テ）塩基性　（ト）$a×c×V＝b×c'×V'$
（ナ）コニカルビーカー　（ニ）メスフラスコ　（ヌ）ホールピペット
（ネ）ビュレット　（ノ）強　（ハ）弱　（ヒ）強　（フ）弱　（ヘ）黄
（ホ）無　（マ）赤　（ミ）○　（ム）×　（メ）×　（モ）○

共通テスト攻略のPoint！

酸・塩基の定義を押さえ、pH との関係を理解しておく。塩の水溶液の性質や塩の反応について、具体的な化合物で判断できるようにしておく。中和滴定の操作手順、ガラス器具の名称と使用法、指示薬の選び方と色の変化を押さえておく。中和滴定曲線から量的関係が判断できるようにしておく。

必修例題 ⑭ 塩の水溶液の性質

関連問題 ➡ 116・117・118

次に示す濃度 0.5 mol/L の水溶液 **a〜c** について、水酸化物イオンのモル濃度の高い順に並べたものとして正しいものを、下の①〜⑥のうちから一つ選べ。

a 塩化ナトリウム水溶液 **b** 硫酸アンモニウム水溶液 **c** 炭酸カリウム水溶液

① **a > b > c** ② **a > c > b** ③ **b > a > c**

④ **b > c > a** ⑤ **c > a > b** ⑥ **c > b > a**

(05 センター追試)

解説

塩基性が強いほど水酸化物イオン濃度 $[OH^-]$ は大きくなり、酸性が強いほど $[OH^-]$ は小さくなる。

a 塩化ナトリウム $NaCl$ は、強酸(HCl)と強塩基($NaOH$)からなる正塩であり、その水溶液は**中性**を示す。

b 硫酸アンモニウム $(NH_4)_2SO_4$ は、強酸(H_2SO_4)と弱塩基(NH_3)からなる正塩であり、その水溶液は**弱い酸性**を示す。

c 炭酸カリウム K_2CO_3 は弱酸(H_2CO_3)と強塩基(KOH)からなる正塩であり、その水溶液は**弱い塩基性**を示す。

したがって、$[OH^-]$ の高い順は **c > a > b** となる。

● CHECK POINT

正塩を生じる酸と塩基の組合せと、その塩の水溶液の性質(液性)は表のようになる。

塩のなりたち	正塩の例	液性
強酸＋強塩基	Na_2SO_4、KNO_3	中性
強酸＋弱塩基	NH_4Cl、$CuSO_4$	酸性
弱酸＋強塩基	CH_3COONa、Na_2CO_3	塩基性

解答 ⑤

必修例題 ⑮ 中和滴定曲線

関連問題 ➡ 121

濃度が 0.10 mol/L の酸 **a・b** を 10 mL ずつ取り、それぞれを 0.10 mol/L 水酸化ナトリウム水溶液で滴定し、滴下量と溶液の pH との関係を調べた。図に示した滴定曲線を与える酸の組合せとして最も適当なものを、下の①〜⑥のうちから一つ選べ。

	a	**b**		**a**	**b**
①	塩酸	酢酸	④	塩酸	硫酸
②	酢酸	塩酸	⑤	硫酸	酢酸
③	硫酸	塩酸	⑥	酢酸	硫酸

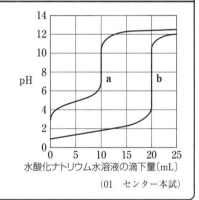

水酸化ナトリウム水溶液の滴下量〔mL〕

(01 センター本試)

解説

0.10 mol/L の酸 **a** 10 mL を中和するのに、0.10 mol/L の水酸化ナトリウム水溶液 10 mL が必要なので、酸 **a** は 1 価である。また、滴定開始時(始点)の pH が約 3 であり、中和点が塩基性側にあるので、酸 **a** は弱酸である。よって、酸 **a** は**酢酸**と考えられる。

一方、0.10 mol/L の酸 **b** 10 mL を中和するのに、0.10 mol/L の水酸化ナトリウム水溶液 20 mL が必要なので、酸 **b** は 2 価である。また、滴定開始時(始点)の pH が約 1 であり、中和点の pH が 7 付近なので、酸 **b** は強酸である。よって、酸 **b** は**硫酸**と考えられる。

● CHECK POINT

中和滴定曲線における始点の pH は、酸の強弱に関係する。

・始点の pH が 1 付近 ⟶ 強酸

・始点の pH が 3 付近 ⟶ 弱酸

中和点は pH が急激に変化する部分のほぼ中央である。

同じ濃度の酸であっても、酸の価数が大きいほど、中和滴定に要する塩基の体積は大きくなる。

解答 ⑥

44

☑ **110** 酸と塩基 ⟨1分⟩ 酸と塩基に関する記述として正しいものを、次の①～⑤のうちから一つ選べ。

① 酸には必ず酸素原子が含まれている。

② 水に溶かすと電離して水酸化物イオン OH⁻ を生じる物質は、塩基である。

③ 酸を塩基で中和滴定するとき、中和点でその溶液は必ず中性となる。

④ ブレンステッドの定義(ブレンステッド・ローリーの定義)では、水は塩基としてだけ働く。

⑤ 酸性が強いほど、pH の値が大きい。　　　　　　　　　(01　センター追試　改)

☑ **111** 酸と塩基の電離 ⟨1分⟩ NaOH、NH₃、NaCl、HCl、CH₃COOH がそれぞれ水に溶けている様子を模式的に示した図として**適当でないもの**を、次の①～⑤のうちから一つ選べ。

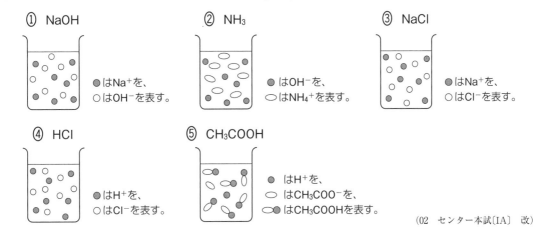

① NaOH

●はNa⁺を、〇はOH⁻を表す。

② NH₃

●はOH⁻を、〇はNH₄⁺を表す。

③ NaCl

●はNa⁺を、〇はCl⁻を表す。

④ HCl

●はH⁺を、〇はCl⁻を表す。

⑤ CH₃COOH

●はH⁺を、◯はCH₃COO⁻を、◖はCH₃COOHを表す。

(02　センター本試〔IA〕　改)

☑ **112** 酸と塩基 ⟨1分⟩ 酸と塩基に関する記述として正しいものを、次の①～⑤のうちから一つ選べ。

① 塩化水素を水に溶かすと、オキソニウムイオンが生成する。

② 濃いアンモニア水の中では、アンモニアの大部分がアンモニウムイオンになっている。

③ 1価の強酸を1価の弱塩基で中和するとき、必要な弱塩基の物質量は強酸の物質量より多い。

④ 水溶液が塩基性を示す塩を、塩基性塩という。

⑤ 濃い酢酸水溶液中の酢酸の電離度は1である。　　　　　　(04　センター追試)

☑ **113** pH ⟨1分⟩ pH 1.0 の塩酸 10mL に水を加えて pH 3.0 にした。この pH 3.0 の水溶液の体積は何 mL か。最も適当な数値を、次の①～⑥のうちから一つ選べ。

① 30　　② 100　　③ 500　　④ 1000　　⑤ 5000　　⑥ 10000　　(05　センター追試)

☑ **114** pH ⟨1分⟩ 水溶液の pH に関する次の記述①～⑤のうちから、正しいものを一つ選べ。

① 0.010mol/L の硫酸の pH は、同じ濃度の硝酸の pH より大きい。

② 0.10mol/L の酢酸の pH は、同じ濃度の塩酸の pH より小さい。

③ pH3 の塩酸を 10^5 倍に薄めると、溶液の pH は 8 になる。

④ 0.10mol/L のアンモニア水の pH は、同じ濃度の水酸化ナトリウム水溶液の pH より小さい。

⑤ pH12 の水酸化ナトリウム水溶液を10倍に薄めると、溶液の pH は13になる。　(96　センター追試)

✓ **115** ^{☆☆☆} **pHの比較** 〈1分〉 次の水溶液A～Dを、pHの大きいものから順に並べるとどうなるか。最も適当なものを、下の①～⑥のうちから一つ選べ。

A 0.01 mol/L アンモニア水 　　　B 0.01 mol/L 水酸化カルシウム水溶液

C 0.01 mol/L 硫酸 　　　　　　　D 0.01 mol/L 塩酸

① A>B>D>C 　　② A=B>D>C 　　③ B>A>C=D

④ B>A>D>C 　　⑤ C>D>A>B 　　⑥ C>D>A=B 　　(99 センター本試)

✓ **116** ^{☆☆☆} **塩の水溶液の性質** 〈1分〉 次の塩a～eで、その水溶液が塩基性を示すものはいくつあるか。その数を下の①～⑤のうちから一つ選べ。

a NH₄Cl 　　b CH₃COONa 　　c NaNO₃ 　　d Na₂CO₃ 　　e NaCl

① 1 　　② 2 　　③ 3 　　④ 4 　　⑤ 5 　　(13 センター追試 改)

✓ **117** ^{☆☆☆} **塩の水溶液の性質** 〈1分〉 次の塩ア～カには、下の記述(a・b)にあてはまる塩が二つずつある。その塩の組合せとして最も適当なものを、下の①～⑧のうちから一つずつ選べ。

ア CH₃COONa 　イ KCl 　ウ NaHCO₃ 　エ NH₄Cl 　オ CaCl₂ 　カ (NH₄)₂SO₄

a 水に溶かしたとき、水溶液が酸性を示すもの

b 水に溶かしたとき、水溶液が塩基性を示すもの

① アとウ 　　② アとオ 　　③ イとウ 　　④ イとエ

⑤ ウとカ 　　⑥ エとオ 　　⑦ エとカ 　　⑧ オとカ 　　(16 センター本試 改)

✓ **118** ^{☆☆☆} **塩の水溶液とpH** 〈1分〉 次の水溶液A～Cについて、pHの値の大きい順に並べたものとして正しいものを、下の①～⑥のうちから一つ選べ。

A 0.01 mol/L 酢酸ナトリウム水溶液 　　　B 0.01 mol/L 塩化アンモニウム水溶液

C 0.01 mol/L 硫酸ナトリウム水溶液

① A>B>C 　　② A>C>B 　　③ B>A>C

④ B>C>A 　　⑤ C>A>B 　　⑥ C>B>A 　　(04 センター追試)

✓ **119** ^{☆☆☆} **実験** **標準溶液の調製** 〈2分〉 濃度 0.100 mol/L のシュウ酸標準溶液 250 mL を調製したい。調製法に関する次の問い a・b に答えよ。その答えの組合せとして正しいものを、右の①～⑥のうちから一つ選べ。

a この標準溶液をつくるために必要なシュウ酸二水和物 (COOH)₂·2H₂O の質量〔g〕として正しいものを、次のア～ウのうちから一つ選べ。

ア 2.25 　　イ 2.70 　　ウ 3.15

b はかりとったシュウ酸二水和物を水に溶解して標準溶液とする操作として最も適当なものを、次のエ～カのうちから一つ選べ。

	a	b
①	ア	エ
②	イ	オ
③	ウ	オ
④	ア	カ
⑤	イ	エ
⑥	ウ	カ

エ 500 mL のビーカーにシュウ酸二水和物を入れて約 200 mL の水に溶かし、ビーカーの 250 mL の目盛りまで水を加えたあと、よくかき混ぜた。

オ 100 mL のビーカーにシュウ酸二水和物を入れて少量の水に溶かし、この溶液とビーカーの中を洗った液とを 250 mL のメスフラスコに移した。水を標線まで入れ、よく振り混ぜた。

カ 500 mL のビーカーにシュウ酸二水和物を入れ、メスシリンダーではかりとった水 250 mL を加え、よくかき混ぜて溶解した。

(00 センター追試)

120 ☆☆☆ **実験**　**中和滴定の実験操作**　**2分**　濃度のわかっている塩酸をホールピペットを用いてコニカルビーカーにとり、フェノールフタレイン溶液を数滴加えた。これに図1のようにして、濃度がわからない水酸化ナトリウム水溶液をビュレットから滴下した。この滴定実験に関する下の問い**a**・**b**に答えよ。その答えの組合せとして正しいものを次の①〜⑧のうちから一つ選べ。

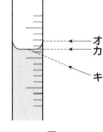

図1　　図2

a　次の操作**ア〜エ**のうちから、**適当でない**ものを一つ選べ。

　ア　ビュレットの内部を蒸留水で洗ってから、滴定に用いる水酸化ナトリウム水溶液で洗った。

　イ　ホールピペットの内部を蒸留水で洗い、内壁に水滴が残ったまま、濃度がわかっている塩酸をとった。

　ウ　コニカルビーカーの内部を蒸留水で洗い、内壁に水滴が残ったまま、濃度がわかっている塩酸を入れた。

　エ　指示薬のフェノールフタレインが、かすかに赤くなって消えなくなったときのビュレットの目盛りを読んだ。

b　図2は、ビュレットの目盛りを読むときの視線を示している。目盛りを正しく読む視線を、矢印**オ〜キ**のうちから一つ選べ。

(00　センター本試)

	a	b
①	ア	オ
②	ア	カ
③	イ	カ
④	イ	キ
⑤	ウ	キ
⑥	ウ	カ
⑦	エ	オ
⑧	エ	カ

121 ☆☆☆　**中和滴定と指示薬**　**3分**　次に示す化合物群のいずれかを用いて調製された0.01 mol/L 水溶液A〜Cがある。各水溶液100 mL ずつを別々のビーカーにとり、指示薬としてフェノールフタレインを加え、0.1 mol/L 塩酸または0.1 mol/L NaOH 水溶液で中和滴定を試みた。次に指示薬をメチルオレンジに変えて同じ実験を行った。それぞれの実験により、下の表1の結果を得た。水溶液A〜Cに入っていた化合物の組合せとして最も適当なものを、下の①〜⑧のうちから一つ選べ。

化合物群：NH_3　　KOH　　$Ca(OH)_2$　　CH_3COOH　　HNO_3

表1

水溶液	フェノールフタレインを用いたときの色の変化	メチルオレンジを用いたときの色の変化	中和に要した液量〔mL〕
A	赤から無色に、徐々に変化した	黄から赤に、急激に変化した	10
B	赤から無色に、急激に変化した	黄から赤に、急激に変化した	20
C	無色から赤に、急激に変化した	赤から黄に、徐々に変化した	10

	Aに入っていた化合物	Bに入っていた化合物	Cに入っていた化合物		Aに入っていた化合物	Bに入っていた化合物	Cに入っていた化合物
①	KOH	$Ca(OH)_2$	CH_3COOH	⑤	NH_3	$Ca(OH)_2$	CH_3COOH
②	KOH	$Ca(OH)_2$	HNO_3	⑥	NH_3	$Ca(OH)_2$	HNO_3
③	KOH	NH_3	CH_3COOH	⑦	NH_3	KOH	CH_3COOH
④	KOH	NH_3	HNO_3	⑧	NH_3	KOH	HNO_3

(17　センター本試)

☑ **122** ☆☆☆ **中和滴定の指示薬** ⟨2分⟩　中和滴定に関する次の記述中の空欄　**ア**　～　**ウ**　にあてはまる語句および数値の組合せとして正しいものを次の①～⑥のうちから一つ選べ。

　　濃度が不明の酢酸水溶液 8.0 mL に、**ア** を 2～3 滴加え、0.20 mol/L の水酸化ナトリウム水溶液で滴定した。10 mL 加えたところで中和点に達し、溶液は **イ** に変化した。そこで、この酢酸水溶液の濃度は **ウ** mol/L と決定された。　　　　　　　　　　　　　　　　　　(98 センター追試)

	ア	イ	ウ
①	フェノールフタレイン	赤色	0.50
②	フェノールフタレイン	青色	0.25
③	フェノールフタレイン	赤色	0.25
④	メチルオレンジ	黄色	0.25
⑤	メチルオレンジ	青色	0.50
⑥	メチルオレンジ	赤色	0.25

☑ **123** ☆☆ **中和の量的関係** ⟨2分⟩　濃度不明の水酸化バリウム水溶液 10 mL を中和するのに必要な滴下量が最大である酸の水溶液を、次の①～⑤のうちから一つ選べ。

　　① 0.15 mol/L の硫酸　　　② 0.15 mol/L の硝酸　　　③ 0.10 mol/L のシュウ酸水溶液

　　④ 0.20 mol/L の酢酸水溶液　　　⑤ 0.10 mol/L の塩酸　　　　　　　　(09 センター追試)

☑ **124** ☆☆☆ **水溶液の混合** ⟨1分⟩　同じモル濃度の水溶液 A と B を、体積比 1:1 で混合したとき、水溶液が酸性を示した。A と B の組合せとして正しいものを、次の①～⑤のうちから一つ選べ。

	A	B
①	希硫酸	アンモニア水
②	希塩酸	水酸化ナトリウム水溶液
③	希塩酸	水酸化バリウム水溶液
④	希硫酸	水酸化カルシウム水溶液
⑤	酢酸水溶液	水酸化カリウム水溶液

(08 センター追試)

☑ **125** ☆☆ **中和滴定** ⟨3分⟩　2価の強酸の水溶液 A がある。このうち 5 mL をホールピペットではかり取り、コニカルビーカーに入れた。これに水 30 mL とフェノールフタレイン溶液一滴を加えて、モル濃度 x mol/L の水酸化ナトリウム水溶液で中和滴定したところ、中和点に達するのに y mL を要した。水溶液 A 中の強酸のモル濃度は何 mol/L か。モル濃度を求める式として正しいものを、次の①～⑧のうちから一つ選べ。ただし、x などの記号は、数値のみを表すものとする。

　　① $\dfrac{xy}{5}$　　　② $\dfrac{xy}{10}$　　　③ $\dfrac{xy}{35}$　　　④ $\dfrac{xy}{70}$

　　⑤ $\dfrac{xy}{5+y}$　　　⑥ $\dfrac{xy}{35+y}$　　　⑦ $\dfrac{xy}{2(5+y)}$　　　⑧ $\dfrac{xy}{2(35+y)}$　　　(23 共通テスト本試 改)

☑ **126** ☆☆☆ **酸の分子量** ⟨2分⟩　2価の酸 0.300 g を含んだ水溶液を完全に中和するのに、0.100 mol/L 水酸化ナトリウム水溶液 40.0 mL を要した。この酸の分子量として最も適当な数値を、次の①～⑤のうちから一つ選べ。

　　① 75.0　　　② 133　　　③ 150　　　④ 266　　　⑤ 300　　　(00 センター追試)

☑ **127** ☆ **弱酸の遊離** ⟨1分⟩　次の a～d の化合物の組合せのうち、反応して弱酸を遊離するものはどれか。その答えの組合せとして正しいものを、次の①～⑥のうちから一つ選べ。

　　a NaHCO₃ HCl　　b KNO₃ Ca(OH)₂　　c NH₄Cl NaOH　　d CH₃COONa H₂SO₄

　　① a・b　　② a・c　　③ a・d　　④ b・c　　⑤ b・d　　⑥ c・d

実践例題 ⑯　混合物の定量

関連問題 ➡ 134

水酸化カリウムと塩化カリウムとの混合物 10 g を純水に溶かした。この溶液を中和するのに、2.5 mol/L の硫酸 10 mL を要した。もとの混合物は、水酸化カリウムを質量で何％含んでいたか。最も適当な数値を、次の①〜⑥のうちから一つ選べ。

① 7.0　　② 14　　③ 28　　④ 56　　⑤ 72　　⑥ 86

（02　センター本試）

解説

塩化カリウムは希硫酸と反応しないので、硫酸は水酸化カリウムとだけ反応している。硫酸は 2 価の酸、水酸化カリウムは 1 価の塩基であり、水酸化カリウム KOH（モル質量 56 g/mol）の質量を x〔g〕とすると、これを中和するのに 2.5 mol/L の硫酸が 10 mL 必要であったので、次式が成立する。

$$\underbrace{1 \times \frac{x〔g〕}{56\,g/mol}}_{\substack{\text{水酸化カリウムから}\\\text{生じる OH}^-\text{の物質量}}} = \underbrace{2 \times 2.5\,mol/L \times \frac{10}{1000}\,L}_{\substack{\text{硫酸から生じる}\\\text{H}^+\text{の物質量}}} \qquad x = 2.8\,g$$

混合物 10 g 中に 2.8 g の水酸化カリウムが含まれるので、その質量パーセントは、次のように求められる。

$$\frac{\text{水酸化カリウムの質量〔g〕}}{\text{混合物の質量〔g〕}} \times 100 = \frac{2.8\,g}{10\,g} \times 100 = 28〔\%〕$$

● CHECK POINT

塩化カリウム KCl は、強酸と強塩基からなる正塩であり、酸や塩基とは反応しない。

中和点では、酸から生じる H^+ の物質量と塩基から生じる OH^- の物質量が等しい。この中和の量的関係を用いる。

解答　③

実践例題 ⑰　逆滴定

関連問題 ➡ 135

濃度不明の希硫酸 10.0 mL に、0.50 mol/L の水酸化ナトリウム水溶液 20.0 mL を加えると、その溶液は塩基性となった。さらに、その混合溶液に 0.10 mol/L の塩酸を加えていくと、20.0 mL 加えたときに過不足なく中和した。もとの希硫酸の濃度は何 mol/L か。最も適当な数値を、次の①〜⑤のうちから一つ選べ。

① 0.30　　② 0.40　　③ 0.50　　④ 0.60　　⑤ 0.80

（21　共通テスト第 2 日程）

解説

この中和において、希硫酸と塩酸から生じた H^+ の総物質量と、水酸化ナトリウムから生じた OH^- の物質量の量的関係は、図のようになる。

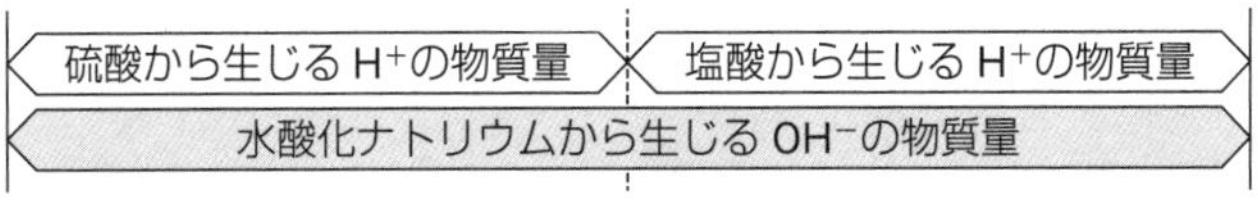

硫酸から生じる H⁺ の物質量	塩酸から生じる H⁺ の物質量
水酸化ナトリウムから生じる OH⁻ の物質量	

硫酸は 2 価の酸、塩酸は 1 価の酸、水酸化ナトリウムは 1 価の塩基であり、希硫酸の濃度を c〔mol/L〕とすると、次式が成り立つ。

$$\underbrace{2 \times c〔mol/L〕 \times \frac{10.0}{1000}\,L}_{\substack{\text{硫酸から生じる}\\\text{H}^+\text{の物質量}}} + \underbrace{1 \times 0.10\,mol/L \times \frac{20.0}{1000}\,L}_{\substack{\text{塩酸から生じる}\\\text{H}^+\text{の物質量}}} = \underbrace{1 \times 0.50\,mol/L \times \frac{20.0}{1000}\,L}_{\substack{\text{水酸化ナトリウムから}\\\text{生じる OH}^-\text{の物質量}}}$$

$c = 0.40\,mol/L$

したがって、正解は②となる。

● CHECK POINT

濃度未知の酸や塩基に、過剰の塩基や酸を反応させ、残った塩基、酸を中和滴定することで、間接的にその量を求める操作を逆滴定という。逆滴定においても、中和の量的関係は成り立つ。

酸から生じる H^+ の総物質量＝塩基から生じる OH^- の総物質量

解答　②

☑ **128 酸と塩基、塩** 1分 酸と塩基の反応および塩の水溶液に関する次の記述 **a ～ d** について、正誤の組合せとして正しいものを、右の①～⑥のうちから一つ選べ。

a 2価の酸で1価の塩基を中和してできる塩の水溶液のpHは、必ず7より小さい。

b 酸性塩の水溶液は、すべて酸性である。

c 塩基のOHを化学式中に残す塩は、塩基性塩とよばれる。

d 強酸と強塩基から生じた正塩の水溶液は、すべて中性である。

(04 センター本試 改)

	a	b	c	d
①	正	正	誤	正
②	正	誤	正	正
③	正	誤	正	誤
④	誤	誤	正	正
⑤	誤	誤	誤	正
⑥	誤	正	誤	正

☑ **129 酸・塩基の定義** 2分 次の**反応Ⅰ**および**反応Ⅱ**で、下線を付した分子およびイオン(**a ～ d**)のうち、酸としてはたらくものの組合せとして最も適当なものを、下の①～⑥のうちから一つ選べ。

反応Ⅰ $CH_3COOH + {}_aH_2O \rightleftarrows CH_3COO^- + {}_bH_3O^+$

反応Ⅱ $NH_3 + {}_cH_2O \rightleftarrows NH_4^+ + {}_dOH^-$

① **a**と**b**　　② **a**と**c**　　③ **a**と**d**

④ **b**と**c**　　⑤ **b**と**d**　　⑥ **c**と**d**

(15 センター本試)

☑ **130 電離度とpH** 2分 0.036 mol/L の酢酸水溶液の pH は3.0であった。この酢酸水溶液中の酢酸の電離度として最も適当な数値を、次の①～⑤のうちから一つ選べ。

① 1.0×10^{-6}　　② 1.0×10^{-3}　　③ 2.8×10^{-2}　　④ 3.6×10^{-2}　　⑤ 3.6×10^{-1}

(08 センター本試)

☑ **131 pHの計算** 2分 濃度不明の塩酸 500 mL と 0.010 mol/L の水酸化ナトリウム水溶液 500 mL を混合したところ、溶液の pH は2.0であった。塩酸の濃度〔mol/L〕として最も適当な数値を、次の①～⑤のうちから一つ選べ。ただし、溶液中の塩化水素の電離度を1.0とする。

① 0.010　　② 0.020　　③ 0.030　　④ 0.040　　⑤ 0.050

(06 センター本試)

☑ **132 イオン濃度の変化** 2分

0.010 mol/L の水酸化カルシウム $Ca(OH)_2$ 水溶液 10 mL に、0.010 mol/L の塩酸を滴下した。このときの水酸化物イオン OH^- のモル濃度の変化を表すグラフとして最も適当なものを、次の①～⑥のうちから一つ選べ。

(23 共通テスト追試)

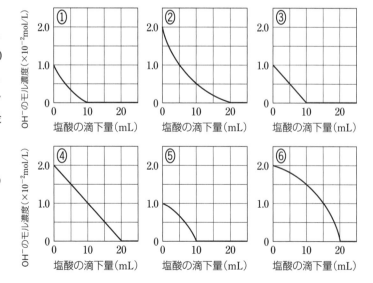

☑ **133** 中和の量的関係 **3分**　次の水溶液 **a**・**b** を用いて中和滴定の実験を行った。**a** を過不足なく中和するのに **b** は何 mL 必要か。最も適当な数値を、下の①〜⑥のうちから一つ選べ。

　　a　0.20 mol/L 塩酸 10 mL に 0.12 mol/L 水酸化ナトリウム水溶液 20 mL を加えた水溶液

　　b　0.40 mol/L 硫酸 10 mL を水で薄めて 1.0 L とした水溶液

　　① 5.0　　② 10　　③ 25　　④ 50　　⑤ 100　　⑥ 200　　　　　(04 センター追試)

☑ **134** 混合物の定量 **3分**　水酸化ナトリウムと水酸化カリウムの混合物 1.52 g を蒸留水に溶かした。それを完全に中和するのに、1.00 mol/L の硝酸 30.0 mL を必要とした。混合物中の水酸化ナトリウムと水酸化カリウムの物質量の比として、最も適当なものを、次の①〜⑤のうちから一つ選べ。

　　① 1:1　　② 1:2　　③ 1:3　　④ 2:1　　⑤ 3:1　　　　　(99 センター追試)

☑ **135** アンモニアの逆滴定 **2分**　ある量の気体のアンモニアを入れた容器に 0.30 mol/L の硫酸 40 mL を加え、よく振ってアンモニアをすべて吸収させた。反応せずに残った硫酸を 0.20 mol/L の水酸化ナトリウム水溶液で中和滴定したところ、20 mL を要した。はじめのアンモニアの体積は、0 ℃、1.013×10^5 Pa で何 L か。最も適当な数値を、次の①〜⑤のうちから一つ選べ。

　　① 0.090　　② 0.18　　③ 0.22　　④ 0.36　　⑤ 0.45　　(07 センター本試　改)

☑ **136** 中和滴定曲線 **3分**　1 価の塩基 **A** の 0.10 mol/L 水溶液 10 mL に、酸 **B** の 0.20 mol/L 水溶液を滴下し、pH メーター (pH 計) を用いて pH の変化を測定した。**B** の水溶液の滴下量と、測定された pH の関係を図に示す。この実験に関する記述として**誤りを含むもの**を、下の①〜④のうちから一つ選べ。

　　① **A** は弱塩基である。

　　② **B** は強酸である。

　　③ 中和点までに加えられた **B** の物質量は、1.0×10^{-3} mol である。

　　④ **B** は 2 価の酸である。　　　　(12 センター本試)

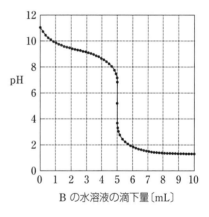

B の水溶液の滴下量〔mL〕

☑ **137** 中和滴定曲線 **3分**　図 **A**、**B**、**C** は、3 つの異なる 1 価の酸 **A**、**B**、**C** の水溶液に対して、それぞれ 0.10 mol/L の水酸化ナトリウム水溶液を用いて中和滴定を行った結果を示したものである。それぞれの滴定曲線から、3 つの酸の分子量の大小関係について正しいものを、下の①〜⑥のうちから一つ選べ。ただし、滴定に用いた各酸の水溶液における溶質の質量は同じものとする。

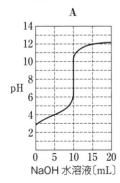
A
NaOH 水溶液〔mL〕

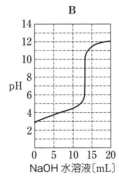
B
NaOH 水溶液〔mL〕

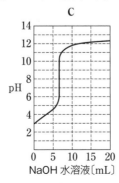
C
NaOH 水溶液〔mL〕

　　① A<B<C　　② A<C<B
　　③ B<A<C　　④ B<C<A
　　⑤ C<A<B　　⑥ C<B<A

(13 自治医科大　改)

7 酸化還元反応

1 酸化・還元の定義

	酸素	水素	電子	酸化数
酸化(酸化される)	受け取る	失う	ア	イ
還元(還元される)	ウ	受け取る	エ	減少

酸化と還元は同時におこり、この反応を**酸化還元反応**という。

2 酸化数

	取り決め	例
①	単体中の原子の酸化数は0とする。	H_2中のHは(オ) Cu中のCuは0
②	化合物中の水素原子の酸化数は(カ)、酸素原子の酸化数は(キ)とする。	HCl中のHは+1 CO_2中のOは-2
③	化合物を構成する各原子の酸化数の総和は0とする。	H_2SO_4中のSの酸化数をxとすると、 $(+1)\times 2+x+(-2)\times 4=0$ $x=($ク $)$
④	単原子イオンの酸化数は、そのイオンの電荷の符号と価数に等しい。	Na^+のNaの酸化数は(ケ)
⑤	多原子イオンを構成する原子の酸化数の総和は、そのイオンの電荷の符号と価数に等しい。	NO_3^-中のNの酸化数をxとすると、 $x+(-2)\times 3=-1$ $x=($コ $)$

H_2O_2中のOの酸化数は-1。化合物中のアルカリ金属は$+1$、アルカリ土類金属は$+2$である。

3 酸化剤・還元剤と酸化還元反応式

酸化剤…相手を(サ   )し、自身は(シ   )される物質。
還元剤…相手を(ス   )し、自身は(セ   )される物質。

$$\underbrace{H_2O_2}_{-1} + \underbrace{H_2S}_{-2} \longrightarrow 2\underbrace{H_2O}_{-2} + \underbrace{S}_{0}$$

（ソ   ）された／（タ   ）された

この反応では、(チ   )が酸化剤として働き、
(ツ   )が還元剤として働いている。

注 H_2O_2やSO_2のように、反応する相手物質によって酸化剤にも還元剤にもなる物質がある。

$$\underset{-2}{H_2O} \underset{\text{還元された}}{\overset{\text{酸化剤として働く}}{\longleftarrow}} \underset{-1}{H_2O_2} \underset{\text{酸化された}}{\overset{\text{還元剤として働く}}{\longrightarrow}} \underset{0}{O_2} \qquad \underset{0}{S} \underset{\text{還元された}}{\overset{\text{酸化剤として働く}}{\longleftarrow}} \underset{+4}{SO_2} \underset{\text{酸化された}}{\overset{\text{還元剤として働く}}{\longrightarrow}} \underset{+6}{H_2SO_4}$$

酸化還元反応の量的関係　酸化剤が受け取る電子e^-の物質量＝還元剤が放出する電子e^-の物質量

酸化剤　$MnO_4^- + 8H^+ + 5e^- \longrightarrow Mn^{2+} + 4H_2O$ …①
還元剤　$H_2O_2 \longrightarrow O_2 + 2H^+ + 2e^-$ …②
①×2＋②×5としてe^-を消去すると、　$2MnO_4^- + 6H^+ + 5H_2O_2 \longrightarrow 2Mn^{2+} + 8H_2O + 5O_2$ …③
③式から、MnO_4^- 1 mol と H_2O_2(テ   )mol は過不足なく反応する。

$$H_2O_2 \text{の物質量}[mol] = KMnO_4 \text{の物質量}[mol] \times \frac{5}{2}$$

4 金属のイオン化傾向

金属が電子を失って陽イオンになろうとする性質を金属の（ト　　　　　　）という。

イオン化列	Li	K	Ca	Na	Mg	Al	Zn	Fe	Ni	Sn	Pb	(H₂)	Cu	Hg	Ag	Pt	Au
乾燥した酸素との反応	常温で内部まで酸化される				高温で燃焼する		高温で酸化される								酸化されない		
水との反応	常温で反応				熱水と反応	高温で水蒸気と反応		反応しない									
酸との反応	希塩酸、希硫酸などと反応し、（ナ　　　　）を発生して溶ける												酸化作用の強い酸に溶ける			（ニ　　）に溶ける	

Al、Fe、Ni は濃硝酸とは（ヌ　　　　　　　　）を形成するため、反応が進行しない。

5 酸化還元反応の利用

めっき　金属などの酸化防止のため、表面を他の金属の薄膜で覆うこと。

　[例]　鉄に亜鉛をめっき…（ネ　　　　　　　）── 屋根、バケツなど

　　　　鉄にスズをめっき…　　　ブリキ　　　── 缶詰の缶など

漂白剤…酸化剤または還元剤を含み、紙や繊維製品などを漂白するために使われる物質。塩素系や酸素系などがあり、塩素系漂白剤の主成分は次亜塩素酸ナトリウム NaClO である。

鉄の製錬　赤鉄鉱（主成分 Fe_2O_3）などの鉄鉱石とコークス C、石灰石を溶鉱炉に入れて熱風を吹きこむと、コークスの燃焼によって生じた一酸化炭素 CO によって鉄の酸化物が還元され、かたくてもろい（ノ　　　　　）（炭素含有量約 4 %）が得られる。

　$$\underset{+3}{Fe_2O_3} + 3CO \longrightarrow \underset{0}{2Fe} + 3CO_2$$

これを転炉に移して酸素を吹きこむと、かたくてねばり強い（ハ　　　　）（炭素含有量0.02～2%）になる。

6 電池

電池…酸化還元反応によって放出されるエネルギーを、電気エネルギーに変換する装置。

電解質水溶液に 2 種類の金属を浸して電池をつくると、イオン化傾向の大きい金属が（ヒ　　　　）極、小さい金属が（フ　　　　）極になる。両極間の電位差（電圧）を、電池の（ヘ　　　　）という。充電できない電池を（ホ　　　　）、充電できる電池を（マ　　　　）または蓄電池という。

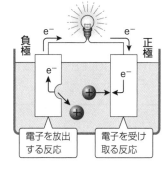

負極　e⁻　e⁻　正極　e⁻　e⁻
電子を放出する反応　電子を受け取る反応

解答

（ア）失う　（イ）増加　（ウ）失う　（エ）受け取る　（オ）0

（カ）+1　（キ）−2　（ク）+6　（ケ）+1　（コ）+5　（サ）酸化

（シ）還元　（ス）還元　（セ）酸化　（ソ）酸化　（タ）還元　（チ）H_2O_2

（ツ）H_2S　（テ）$\dfrac{5}{2}$　（ト）イオン化傾向　（ナ）水素　（ニ）王水

（ヌ）不動態　（ネ）トタン　（ノ）銑鉄　（ハ）鋼　（ヒ）負　（フ）正

（ヘ）起電力　（ホ）一次電池　（マ）二次電池

共通テスト攻略の Point！

酸化還元の定義を押さえ、酸化数の求め方、酸化剤、還元剤の働きを理解しておく。特に、酸化数の変化から、酸化剤、還元剤を判断できるようにしておくこと。また、金属のイオン化傾向を反応性と関連付けて理解し、日常生活への利用についても押さえておく。

第Ⅱ章　物質の変化

53

酸化還元反応でないものを、次の①～⑤のうちから一つ選べ。

① $H_2S + H_2O_2 \longrightarrow S + 2H_2O$

② $2FeSO_4 + H_2O_2 + H_2SO_4 \longrightarrow Fe_2(SO_4)_3 + 2H_2O$

③ $2KI + Cl_2 \longrightarrow I_2 + 2KCl$

④ $2KMnO_4 + 5(COOH)_2 + 3H_2SO_4 \longrightarrow 2MnSO_4 + 10CO_2 + K_2SO_4 + 8H_2O$

⑤ $SO_3 + H_2O \longrightarrow H_2SO_4$

(12　センター本試)

解説

反応の前後で、酸化数の変化している原子の有無を調べる。

① $\underline{H_2S} + H_2\underline{O}_2 \longrightarrow \underline{S} + 2H_2\underline{O}$
　　-2　　-1　　　　0　　　-2

② $2\underline{Fe}SO_4 + H_2\underline{O}_2 + H_2SO_4 \longrightarrow \underline{Fe}_2(SO_4)_3 + 2H_2\underline{O}$
　　$+2$　　　　-1　　　　　　　$+3$　　　　　　-2

③ $2K\underline{I} + \underline{Cl}_2 \longrightarrow \underline{I}_2 + 2K\underline{Cl}$
　　-1　0　　　0　　　-1

④ $2K\underline{Mn}O_4 + 5(\underline{C}OOH)_2 + 3H_2SO_4 \longrightarrow 2\underline{Mn}SO_4 + 10\underline{C}O_2 + K_2SO_4 + 8H_2O$
　　$+7$　　　$+3$　　　　　　　　$+2$　　　$+4$

⑤ $\underline{SO}_3 + H_2O \longrightarrow H_2\underline{SO}_4$
　$+6\,-2$　　　　　$+6\,-2$

したがって、反応の前後で酸化数の変化がない⑤は酸化還元反応ではない。

CHECK POINT

単体が反応したり、生成する反応では、酸化数が変化するので、単体が関係する反応は、酸化還元反応であるといえる。

解答　⑤

下線で示す物質が還元剤として働いている化学反応の式を、次の①～⑥のうちから一つ選べ。

① $2\underline{H_2O} + 2K \longrightarrow 2KOH + H_2$

② $\underline{Cl_2} + 2KBr \longrightarrow 2KCl + Br_2$

③ $\underline{H_2O_2} + 2KI + H_2SO_4 \longrightarrow 2H_2O + I_2 + K_2SO_4$

④ $\underline{H_2O_2} + SO_2 \longrightarrow H_2SO_4$

⑤ $\underline{SO_2} + Br_2 + 2H_2O \longrightarrow H_2SO_4 + 2HBr$

⑥ $\underline{SO_2} + 2H_2S \longrightarrow 3S + 2H_2O$

(11　センター本試)

解説

① H_2O 中のHの酸化数は $+1 \longrightarrow 0$ に減少しており、自身は還元されている。よって、H_2O は酸化剤として働いている。

② Cl_2 中のClの酸化数は $0 \longrightarrow -1$ に減少しており、自身は還元されている。よって、Cl_2 は酸化剤として働いている。

③④　H_2O_2 中のOの酸化数は $-1 \longrightarrow -2$ に減少しており、自身は還元されている。よって、H_2O_2 は酸化剤として働いている。

⑤ SO_2 中のSの酸化数は $+4 \longrightarrow +6$ に増加しており、自身は酸化されている。よって、SO_2 は還元剤として働いている。

⑥ SO_2 中のSの酸化数は $+4 \longrightarrow 0$ に減少しており、自身は還元されている。よって、SO_2 は酸化剤として働いている。

CHECK POINT

還元剤は、相手の物質を還元し、自身は酸化される（＝酸化数が増加する原子を含む）物質である。したがって、下線部の物質に含まれる原子の酸化数が、反応後に増加しているものを選べばよい。

解答　⑤

☑ **138** 酸化と還元 **1分** 次の反応①〜⑤について、酸素、水素、および電子のやり取りに着目して、下線部の物質が酸化されているものを二つ選べ。

① $2\underline{Cu}+O_2 \longrightarrow 2CuO$ 　　② $2\underline{Cu}O+C \longrightarrow 2Cu+CO_2$

③ $2H_2+\underline{O_2} \longrightarrow 2H_2O$ 　　④ $\underline{Na} \longrightarrow Na^++e^-$

⑤ $\underline{Cl_2}+2e^- \longrightarrow 2Cl^-$

☑ **139** マンガンの酸化数 **2分** 次の物質 a 〜 e について、マンガン原子の酸化数が最大のものと最小のものの組合せとして正しいものを、下の①〜⑥のうちから一つ選べ。

a $KMnO_4$ 　　b K_2MnO_4 　　c $MnSO_4$ 　　d Mn 　　e Mn_2O_3

① a・d 　　② a・e 　　③ b・c 　　④ b・e 　　⑤ c・d 　　⑥ c・e

(02 センター追試)

☑ **140** 塩素の酸化数 **1分** 次の物質 a 〜 d が、それぞれに含まれる塩素原子の酸化数の大きさの順に正しく並べられているものを、下の①〜⑥のうちから一つ選べ。

a Cl_2 　　b $HClO$ 　　c HCl 　　d $KClO_3$

① a<b<c<d 　　② b<d<a<c 　　③ c<a<b<d

④ d<b<c<a 　　⑤ c<b<d<a 　　⑥ a<c<b<d

(13 センター追試)

☑ **141** 原子の酸化数の変化 **2分** 反応の前後で、下線を付した原子の酸化数が 3 減少した化学反応を、次の①〜④のうちから一つ選べ。

① $3Cu+8H\underline{N}O_3 \longrightarrow 3Cu(NO_3)_2+4H_2O+2\underline{N}O$

② $2H_2\underline{O_2} \longrightarrow 2H_2O+\underline{O_2}$

③ $Fe+2\underline{H}NO_3 \longrightarrow Fe(NO_3)_2+\underline{H_2}$

④ $Ca\underline{C}O_3 \longrightarrow CaO+\underline{C}O_2$

(15 センター本試)

☑ **142** 硫黄の酸化数変化 **2分** 硫黄の単体や化合物の反応で、硫黄原子の酸化数の変化が最も大きいものを、次の①〜⑤のうちから一つ選べ。

① 塩化バリウム水溶液に希硫酸を加えると、硫酸バリウムの沈殿が生成する。

② 銅に濃硫酸を加えて加熱すると、二酸化硫黄が生成する。

③ 硫化水素をヨウ素と反応させると、単体の硫黄が生成する。

④ 三酸化硫黄を水に溶かすと、硫酸になる。

⑤ 単体の硫黄を燃やすと、二酸化硫黄が生成する。

(04 センター本試)

☑ **143** 酸化還元反応 **1分** 次の反応 a 〜 d のうちで、酸化還元反応はどれか。その組合せとして正しいものを、下の①〜⑥のうちから一つ選べ。

a $2HCl+CaO \longrightarrow CaCl_2+H_2O$ 　　　　b $H_2SO_4+Fe \longrightarrow FeSO_4+H_2$

c $CaCO_3+2HCl \longrightarrow H_2O+CO_2+CaCl_2$ 　　d $Cl_2+H_2 \longrightarrow 2HCl$

① a・b 　　② a・c 　　③ a・d 　　④ b・c 　　⑤ b・d 　　⑥ c・d

(02 センター追試 改)

第Ⅱ章 物質の変化

144 ☆☆ 酸化還元反応 **2分** 酸化還元反応に関する次の記述 a ～ c の下線部について、正誤の組合せとして正しいものを、下の①～⑧のうちから一つ選べ。

a 二クロム酸カリウムの硫酸酸性水溶液に過酸化水素水を加えると、二クロム酸イオンが<u>酸化されて</u>クロム(Ⅲ)イオンが生成し、溶液は赤橙色から緑色に変わる。

b 亜鉛板を硫酸銅(Ⅱ)水溶液に入れると、銅(Ⅱ)イオンが<u>還元されて</u>銅が析出し、溶液の青色が薄くなる。

c 塩素 Cl_2 を臭化カリウム水溶液に通すと、臭化物イオンが<u>還元されて</u>臭素 Br_2 が遊離し、溶液は赤褐色になる。

	a	b	c		a	b	c
①	正	正	正	⑤	誤	正	正
②	正	正	誤	⑥	誤	正	誤
③	正	誤	正	⑦	誤	誤	正
④	正	誤	誤	⑧	誤	誤	誤

(01 センター本試)

145 ☆☆☆ 酸化剤 **2分** 次の酸化還元反応ア～エのうち、下線を引いた物質が酸化剤として働いているものはいくつあるか。その数を下の①～⑤のうちから一つ選べ。

ア <u>Cu</u>＋$2H_2SO_4$ ⟶ $CuSO_4$＋SO_2＋$2H_2O$

イ <u>$SnCl_2$</u>＋Zn ⟶ Sn＋$ZnCl_2$

ウ <u>Br_2</u>＋2KI ⟶ 2KBr＋I_2

エ <u>$2KMnO_4$</u>＋$5H_2O_2$＋$3H_2SO_4$ ⟶ $2MnSO_4$＋$5O_2$＋K_2SO_4＋$8H_2O$

① 1　　　② 2　　　③ 3　　　④ 4　　　⑤ 0

(13 センター本試)

146 ☆ 酸化作用の強さ **2分** 次の化学反応式 a ～ c には、実際には反応がおこらないものが含まれている。反応がおこらないものを示しているものを下の①～⑥のうちから一つ選べ。ただし、酸化作用の強さは、Cl_2＞Br_2＞I_2 の順とする。

a Br_2＋2KI ⟶ 2KBr＋I_2

b 2KCl＋Br_2 ⟶ Cl_2＋2KBr

c Cl_2＋2KI ⟶ 2KCl＋I_2

① a　　② b　　③ c　　④ a、b　　⑤ a、c　　⑥ b、c

147 ☆ イオン化傾向と金属の反応 **1分** 金属と酸の反応に関する記述として**誤りを含むもの**を、次の①～⑥のうちから一つ選べ。

① アルミニウムは、希硝酸に溶ける。

② 鉄は、希硝酸に溶けるが、濃硝酸には溶けない。

③ 銅は、希硝酸と濃硝酸のいずれにも溶ける。

④ 亜鉛は、希硫酸と希塩酸のいずれにも溶ける。

⑤ 銀は、熱濃硫酸に溶ける。

⑥ 金は、希硝酸に溶けないが、濃硝酸には溶ける。

(11 センター本試)

実践例題 ⑳ 酸化還元の量的関係

関連問題 ➡ 150・151

$0.050\,\mathrm{mol/L}$ の $FeSO_4$ 水溶液 $20\,\mathrm{mL}$ と過不足なく反応する $0.020\,\mathrm{mol/L}$ の $KMnO_4$ 硫酸酸性水溶液の体積は何 mL か。最も適当な数値を、下の①〜⑧のうちから一つ選べ。ただし、MnO_4^- と Fe^{2+} はそれぞれ酸化剤および還元剤として次のように働く。

(01　センター本試)

$$MnO_4^- + 8H^+ + 5e^- \longrightarrow Mn^{2+} + 4H_2O \qquad \cdots(a)$$
$$Fe^{2+} \longrightarrow Fe^{3+} + e^- \qquad \cdots(b)$$

① 2.0　② 4.0　③ 10　④ 20　⑤ 40　⑥ 50　⑦ 100　⑧ 250

解説

(a)＋(b)×5 から、次の酸化還元反応式が得られる。

$$MnO_4^- + 8H^+ + 5Fe^{2+} \longrightarrow Mn^{2+} + 4H_2O + 5Fe^{3+} \quad \cdots(c)$$

(c)式から、$1\,\mathrm{mol}$ の MnO_4^- と $5\,\mathrm{mol}$ の Fe^{2+} が反応するので、Fe^{2+} の物質量は MnO_4^- の5倍である。したがって、$KMnO_4$ 水溶液の体積を $x\,(\mathrm{L})$ とすると、

$$0.050\,\mathrm{mol/L} \times \frac{20}{1000}\,\mathrm{L} = 0.020\,\mathrm{mol/L} \times x\,(\mathrm{L}) \times 5 \qquad x = \frac{10}{1000}\,\mathrm{L}$$

別のアプローチ (a)式から $1\,\mathrm{mol}$ の MnO_4^- が受け取る電子の物質量は $5\,\mathrm{mol}$、(b)式から $1\,\mathrm{mol}$ の Fe^{2+} が与える電子の物質量は $1\,\mathrm{mol}$ である。したがって、$KMnO_4$ 水溶液の体積を $x\,(\mathrm{L})$ とすると、

$$0.020\,\mathrm{mol/L} \times x\,(\mathrm{L}) \times 5 = 0.050\,\mathrm{mol/L} \times \frac{20}{1000}\,\mathrm{L} \times 1 \qquad x = \frac{10}{1000}\,\mathrm{L}$$

◯ CHECK POINT

酸化還元反応では、酸化剤と還元剤で、出入りする電子の物質量が等しいことから考える。

[解法 1] 2つの式から e^- を消去し、酸化剤、還元剤の係数比を考える。

Fe^{2+} の物質量＝MnO_4^- の物質量×5

[解法 2]

酸化剤が受け取る e^- の物質量
　＝還元剤が放出する e^- の物質量

の関係を利用する。

解答 ③

実践問題

PRACTICE

☑ **148** ☆☆☆ **酸化還元反応** 2分　酸化還元反応を**含まないもの**を、次の①〜⑤のうちから一つ選べ。

① 硫酸で酸性にした赤紫色の過マンガン酸カリウム水溶液にシュウ酸水溶液を加えると、ほぼ無色の溶液になった。

② 常温の水にナトリウムを加えると、激しく反応して水素が発生した。

③ 銅線を空気中で加熱すると、表面が黒くなった。

④ 硝酸銀水溶液に食塩水を加えると、白色沈殿が生成した。

⑤ 硫酸で酸性にした無色のヨウ化カリウム水溶液に過酸化水素水を加えると、褐色の溶液となった。

(16　センター本試)

☑ **149** ☆☆ **イオンの酸化力** 2分　次の酸化還元反応 **a・b** から、Fe^{3+}、Sn^{4+}、$Cr_2O_7^{2-}$ の酸化力の強さを比較することができる。これらのイオンを酸化力の強さの順に並べるとどうなるか。下の①〜⑥のうちから、正しいものを一つ選べ。

a $2Fe^{3+} + Sn^{2+} \longrightarrow 2Fe^{2+} + Sn^{4+}$

b $Cr_2O_7^{2-} + 6Fe^{2+} + 14H^+ \longrightarrow 2Cr^{3+} + 6Fe^{3+} + 7H_2O$

① $Fe^{3+} > Sn^{4+} > Cr_2O_7^{2-}$ 　　② $Sn^{4+} > Cr_2O_7^{2-} > Fe^{3+}$

③ $Cr_2O_7^{2-} > Fe^{3+} > Sn^{4+}$ 　　④ $Sn^{4+} > Fe^{3+} > Cr_2O_7^{2-}$

⑤ $Cr_2O_7^{2-} > Sn^{4+} > Fe^{3+}$ 　　⑥ $Fe^{3+} > Cr_2O_7^{2-} > Sn^{4+}$

(97　センター追試)

150 酸化還元反応式のつくり方 **3分**

MnO_4^- は、中性または塩基性水溶液中では酸化剤としてはたらき、次の反応式のように、ある2価の金属イオン M^{2+} を酸化することができる。

$$MnO_4^- + aH_2O + be^- \longrightarrow MnO_2 + 2aOH^-$$
$$M^{2+} \longrightarrow M^{3+} + e^-$$

これらの反応式から電子 e^- を消去すると、反応全体は次のように表される。

$$MnO_4^- + cM^{2+} + aH_2O \longrightarrow MnO_2 + cM^{3+} + 2aOH^-$$

これらの反応式の係数 b と c の組合せとして正しいものを、①〜⑥のうちから一つ選べ。

	b	c
①	2	1
②	2	2
③	2	3
④	3	1
⑤	3	2
⑥	3	3

(17 センター本試)

151 酸化還元滴定 **3分** [実験]

市販のオキシドールを純粋な水で正確に10倍に希釈した。希釈したオキシドール 10 mL を 200 mL のコニカルビーカーにとり、水溶液を酸性とし、純粋な水を加えて 50 mL とした。この水溶液を 0.020 mol/L 過マンガン酸カリウム水溶液で滴定したところ、15 mL を要した。これに関して、問い(**a・b**)に答えよ。ただし、過マンガン酸カリウム、過酸化水素は、それぞれ次のように酸化剤、還元剤として働く。

$$MnO_4^- + 8H^+ + 5e^- \longrightarrow Mn^{2+} + 4H_2O \qquad H_2O_2 \longrightarrow O_2 + 2H^+ + 2e^-$$

a 過マンガン酸カリウム水溶液を入れる器具として適当なものを、①〜⑤のうちから一つ選べ。

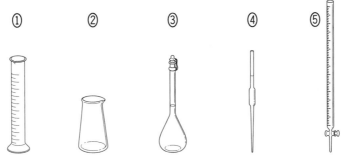

b 市販のオキシドールに含まれていた過酸化水素の濃度〔%〕として最も適当なものを、次の①〜⑤のうちから一つ選べ。ただし、水およびオキシドールの密度は 1.00 g/cm^3 とする。

① 0.64 ② 1.3 ③ 1.7 ④ 2.6 ⑤ 3.4

152 酸化還元反応と中和反応 **3分**

水溶液中のシュウ酸の濃度は、酸化還元滴定と中和滴定のいずれによっても求めることができる。硫酸酸性水溶液中でのシュウ酸と過マンガン酸カリウムの酸化還元反応は、次の式で表される。

$$5(COOH)_2 + 2KMnO_4 + 3H_2SO_4 \longrightarrow 10CO_2 + 2MnSO_4 + K_2SO_4 + 8H_2O$$

また、シュウ酸と水酸化ナトリウムの中和反応は、次の式で表される。

$$(COOH)_2 + 2NaOH \longrightarrow (COONa)_2 + 2H_2O$$

濃度未知のシュウ酸水溶液**A** 25 mL に十分な量の硫酸水溶液を加えて、0.050 mol/L 過マンガン酸カリウム水溶液で滴定すると、過マンガン酸カリウムによる薄い赤紫色が消えなくなるまでに 20 mL を要した。このシュウ酸水溶液**A** 25 mL を過不足なく中和するには、0.25 mol/L 水酸化ナトリウム水溶液が何 mL 必要か。最も適当な数値を、次の①〜⑥のうちから一つ選べ。

① 4.0 ② 8.0 ③ 10 ④ 20 ⑤ 40 ⑥ 80

(11 センター追試)

153 **金属の反応性** **1分**　金属元素の単体の反応性に関する記述として**誤りを含むもの**はどれか。最も適当なものを、次の①～④のうちから一つ選べ。

① ナトリウムは水と反応して溶ける。

② 金は王水と反応して溶ける。

③ 銀は希硝酸と反応して溶ける。

④ 銅は希硫酸と反応して溶ける。

(23　共通テスト追試)

154 **金属のイオン化傾向** **2分**　次の記述 a ～ c は、金属 Zn、Ag、Cu、Fe について行った実験の結果を述べたものである。記述 a ～ c 中の A ～ D にあてはまる金属の組合せとして最も適当なものを、下の①～⑧のうちから一つ選べ。

a 希硫酸を加えたとき、C と D は溶けたが、A と B は溶けなかった。

b C と D を電極として電池をつくったところ、D が負極になった。

c B の硝酸塩水溶液に A の金属片を入れると、B が析出した。

	A	B	C	D		A	B	C	D
①	Fe	Zn	Ag	Cu	⑤	Ag	Cu	Fe	Zn
②	Fe	Zn	Cu	Ag	⑥	Ag	Cu	Zn	Fe
③	Zn	Fe	Ag	Cu	⑦	Cu	Ag	Fe	Zn
④	Zn	Fe	Cu	Ag	⑧	Cu	Ag	Zn	Fe

(03　センター本試　改)

155 **製錬** **2分**　金属の製造に関する記述として**誤りを含むもの**を、次の①～⑤のうちから二つ選べ。

① 溶鉱炉(高炉)の中で、鉄鉱石をコークス・石灰石とともに高温で加熱すると、銑鉄が生成する。

② 溶鉱炉内で鉄鉱石を還元したとき、コークスも還元される。

③ 銑鉄中には、炭素が含まれる。

④ アルミニウムは酸化アルミニウムを多く含むボーキサイトとよばれる鉱石から取り出される。

⑤ アルミニウムは鉱石資源から取り出す方が、アルミ缶などからリサイクルするよりも、必要なエネルギーは少ない。

156 **電池の構成** **1分**　電池に関する次の文章中の ア ～ ウ にあてはまる語の組合せとして正しいものを、下の①～⑧のうちから一つ選べ。

図のように、導線でつないだ2種類の金属(A・B)を電解質の水溶液に浸して電池を作製する。このとき、一般にイオン化傾向の大きな金属は ア され、 イ となって溶け出すので、電池の ウ となる。

	ア	イ	ウ		ア	イ	ウ
①	還元	陽イオン	正極	⑤	酸化	陽イオン	正極
②	還元	陽イオン	負極	⑥	酸化	陽イオン	負極
③	還元	陰イオン	正極	⑦	酸化	陰イオン	正極
④	還元	陰イオン	負極	⑧	酸化	陰イオン	負極

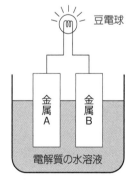

(16　センター本試)

第Ⅱ章　物質の変化

8 身のまわりの化学

☑ **157** ☆☆☆ **身のまわりの事柄と化学用語** ⏱2分 身のまわりの事柄とそれに関連する化学用語の組合せとして**適当でないもの**を、次の①〜⑤のうちから一つ選べ。

	身のまわりの事柄	化学用語
①	澄んだだし汁を得るために、布巾やキッチンペーパーを通して、煮出した鰹節を取り除く。	ろ過
②	茶葉を入れた急須に湯を注いで、お茶を入れる。	蒸留
③	車や暖房の燃料となるガソリンや灯油を、原油から得る。	分留
④	活性炭が入った浄水器で、水をきれいにする。	吸着
⑤	アイスクリームをとかさないために用いたドライアイスが小さくなる。	昇華

(14 センター本試)

☑ **158** ☆☆☆ **身のまわりの現象** ⏱2分 身のまわりの現象に関する記述として**誤りを含むもの**を、次の①〜⑥のうちから一つ選べ。

① お湯を沸かしたときに白く見える湯気は、水蒸気が凝縮してできた水滴である。

② 天然ガスの主成分であるメタンは空気より密度が大きいので、天然ガスが空気中に漏れた場合には下方に滞留する。

③ 水の凍結によって水道管が破損することがあるのは、水は凝固すると体積が増加するためである。

④ ガスコンロでは、燃料が酸化されるときに発生する熱を利用している。

⑤ 貴ガスは電球の封入ガスに使われる。これは、貴ガスが他の物質と反応しにくいためである。

⑥ セッケンは、疎水性部分と親水性部分をもち、油分を水に分散させるので洗浄に利用される。

(10 センター追試 改)

☑ **159** ☆☆☆ **身のまわりの出来事** ⏱2分 物質の三態間の変化(状態変化)を示した記述として適当なものを、次の①〜⑥のうちから**二つ**選べ。ただし、解答の順序は問わない。

① 冷え込んだ朝に、戸外に面したガラス窓の内側が水滴でくもった。

② 濁った水をろ過すると、透明な水が得られた。

③ 銅葺き屋根の表面が、長年たつと、青緑色になった。

④ 紅茶に薄切りのレモンを入れると、紅茶の色が薄くなった。

⑤ とがった鉛筆の芯が、鉛筆を使うにつれて、すり減って丸くなった。

⑥ タンスに防虫剤として入れたナフタレンやショウノウが、時間がたつと小さくなった。

(22 共通テスト追試)

☑ **160** ☆☆☆ **日常生活と化学** ⏱1分 日常の生活に関わる物質の記述として下線部に**誤りを含むもの**を、次の①〜⑤のうちから一つ選べ。

① プラスチックは、おもに石油からつくり出される<u>高分子化合物</u>である。

② 白金は、空気中で<u>化学的に変化しにくい</u>ため、宝飾品に用いられる。

③ ダイヤモンドは、<u>非常に硬い</u>ため、研磨剤に用いられる。

④ 鉄は、鉄鉱石をコークスで<u>酸化して得られる</u>。

⑤ アルミニウムは、ボーキサイトからの<u>製錬に多量の電力を必要とする</u>ため、回収して再利用する。

(15 センター本試)

☑ **161** ☆☆ **生活に関わる物質** 〈1分〉 生活に関わる物質の記述として下線部に**誤りを含むもの**を、次の①〜④のうちから一つ選べ。

① 二酸化ケイ素は、<u>ボーキサイトの主成分であり</u>、ガラスやシリカゲルの原料として使用される。

② 塩素は、<u>殺菌作用があるので</u>、浄水場で水の消毒に使用されている。

③ ポリエチレンは、<u>炭素と水素だけからなる高分子化合物</u>で、ポリ袋などに用いられる。

④ 白金は、空気中で<u>化学的に変化しにくく</u>、宝飾品に用いられる。 　　　　(20 センター本試)

☑ **162** ☆ **合金とその利用** 〈2分〉 金属は他の金属と合金にすることで、より有用な材料とすることができる。表に示す合金とその用途について、空欄 ア 〜 エ に入る語の組合せとして最も適当なものを、①〜④のうちから一つ選べ。

合金の種類	用途
ア	台所用流し台
黄銅	イ
ウ	航空機の構造材料
青銅	エ

	ア	イ	ウ	エ
①	ステンレス鋼	銅像	ジュラルミン	金管楽器
②	ステンレス鋼	金管楽器	ジュラルミン	銅像
③	ジュラルミン	銅像	ステンレス鋼	金管楽器
④	ジュラルミン	金管楽器	ステンレス鋼	銅像

(09 センター追試〔理総A〕)

☑ **163** ☆☆ **プラスチック** 〈1分〉 プラスチックに関する記述として最も適当なものを、次の①〜⑤のうちから一つ選べ。

① プラスチックは、加工や成型がしにくい特徴がある。

② ほとんどのプラスチックは、鉄や銅などの金属に比べて密度が大きい。

③ ほとんどのプラスチックは、電気をよく通す。

④ ポリ塩化ビニルには塩素が含まれるので、熱い銅線につけてガスバーナーの炎の中に入れると赤色の炎色を示す。

⑤ ポリエチレンテレフタラートは、炭素、水素、酸素からできており、飲料用容器に用いられる。

☑ **164** ☆ **セッケン分子** 〈1分〉 油をセッケン水に入れて振り混ぜると、微細な油滴となって分散する。このときのセッケン分子と油滴が形成する構造のモデル（断面の図）として最も適当なものを、下の①〜⑤のうちから一つ選べ。ただし、油滴とセッケン分子を図1のように表す。

図1

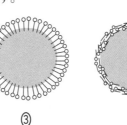
① ② ③

④ ⑤

(08 センター本試)

165 日常生活と物質 1分 日常生活に関連する物質の記述として下線部に**誤りを含むもの**を、次の①～⑥のうちから一つ選べ。

① アルミニウムの製造に必要なエネルギーは、<u>鉱石から製錬するより、リサイクルする方が節約できる</u>。

② 油で揚げたスナック菓子の袋に窒素が充塡（じゅうてん）されているのは、<u>油が酸化されるのを防ぐためである</u>。

③ 塩素が水道水に加えられているのは、<u>pHを調整するためである</u>。

④ プラスチックの廃棄が環境問題を引き起こすのは、<u>ほとんどのプラスチックが自然界で分解されにくいからである</u>。

⑤ 雨水には空気中の二酸化炭素が溶けているため、大気汚染の影響がなくてもその<u>pHは7より小さい</u>。

⑥ 一般の洗剤には、<u>水になじみやすい部分と油になじみやすい部分とをあわせもつ分子が含まれる</u>。

(17 センター本試)

166 身近な変化と化学反応 1分 化学変化が**関係しないもの**を、次の①～⑤のうちから一つ選べ。

① 都市ガスを燃やした。

② ドライアイスを机上に放置すると、気体に変化した。

③ 食酢を重曹（炭酸水素ナトリウム）にかけると、泡が出た。

④ 鉄くぎがさびて、ぼろぼろになった。

⑤ レモンに亜鉛板と銅板をさしこんで導線でつなぐと、電流が流れた。

(02 センター追試〔ⅠA〕)

167 エアバッグ 3分 自動車衝突事故時の安全装置であるエアバッグには、固体のアジ化ナトリウム NaN_3 と酸化銅（Ⅱ）CuO から、次の反応によって気体を瞬時に発生させる方式のものがある。

$$2NaN_3 + CuO \longrightarrow 3N_2 + Na_2O + Cu$$

この反応によって 44.8 L（0℃、1.013×10^5 Pa）の気体を得るのに必要なアジ化ナトリウムと酸化銅（Ⅱ）の質量の合計は何gか。最も適当な数値を、次の①～⑤のうちから一つ選べ。

① 53 ② 87 ③ 97 ④ 140 ⑤ 210 (10 センター追試 改)

168 身のまわりにある物質のpH 1分 身のまわりにある牛乳、食酢、セッケン水を pH の値が小さい順に並べたものはどれか。最も適当なものを、次の①～⑥のうちから一つ選べ。

① 牛乳 ＜ 食酢 ＜ セッケン水 ② 牛乳 ＜ セッケン水 ＜ 食酢
③ 食酢 ＜ 牛乳 ＜ セッケン水 ④ 食酢 ＜ セッケン水 ＜ 牛乳
⑤ セッケン水 ＜ 牛乳 ＜ 食酢 ⑥ セッケン水 ＜ 食酢 ＜ 牛乳

(24 共通テスト追試)

169 身近な酸・塩基 1分 酸またはアルカリ（塩基）の性質に**関係のないもの**を、次の①～⑤のうちから一つ選べ。

① アンモニア水に希硫酸を加えると、肥料で用いられる硫安（硫酸アンモニウム）が生成した。

② 青色リトマス紙にレモン汁をかけると、赤くなった。

③ 卵を食酢に浸すと、殻がゆっくり溶けた。

④ 塩酸と水酸化ナトリウム水溶液を混ぜたところ、食塩水ができた。

⑤ 酸化マンガン（Ⅳ）に過酸化水素水を滴下すると、気体が発生した。

(01 センター本試〔ⅠA〕 改)

☑ **170** 酸性雨 1分　酸性雨に関する記述として**誤りを含むもの**を、次の①～⑤のうちから一つ選べ。

① pH6.5 の雨は、酸性雨である。

② 硫黄酸化物は、酸性雨の原因物質である。

③ 自動車の排気ガスは、酸性雨の原因物質を含む。

④ 酸性雨は、大量の化石燃料の燃焼によって引きおこされる。

⑤ 酸性雨は、湖沼の魚や貝に被害をおよぼすことがある。 　　　　(05　センター追試〔ⅠA〕改)

☑ **171** ☆☆☆ 身近な酸化還元反応 1分　身のまわりの事柄に関する記述の中で、下線部が酸化還元反応を**含まないもの**を、次の①～⑤のうちから一つ選べ。

① 太陽光や風力により発電し、蓄電池を充電した。

② 炭酸飲料をコップに注ぐと、泡が出た。

③ 開封して放置したワインがすっぱくなった。

④ 暖炉で薪(まき)が燃えていた。

⑤ 長い年月の間に、神社の銅板葺きの屋根が緑色になった。 　　　　(13　センター本試)

☑ **172** ☆☆ 身のまわりの出来事 2分　身のまわりのさまざまな出来事と、それに関係している反応や変化の組合せとして**適当でないもの**を、次の①～⑤のうちから一つ選べ。

	身のまわりの出来事	反応や変化
①	漂白剤を使うと洗濯物が白くなった。	酸化・還元
②	水にぬれたままの衣服を着ていて体が冷えた。	蒸発
③	夜空に上がった花火がさまざまな色を示した。	炎色反応
④	衣装ケースに入れてあったナフタレンを主成分とする防虫剤が小さくなった。	昇華
⑤	ガラス棒をガスバーナーで加熱すると、軟らかくなった。	燃焼

(08　センター本試　改)

☑ **173** ☆☆ 鉄のさび 1分　鉄のさびに関する記述として**適当でないもの**を、次の①～⑤のうちから一つ選べ。

① 鉄の表面にめっきをすることにより、さびを抑制することができる。

② 鉄の釘(くぎ)がさびると質量が増える。

③ 鉄が金よりさびやすいのは、鉄のイオン化傾向が金より小さいからである。

④ 鉄を他の金属と混ぜ合わせることにより、さびにくくすることができる。

⑤ 鉄のさびは空気中の酸素や水と反応して生じる。

(12　センター追試〔理総A〕)

身のまわりの化学

実験操作

1 物質の分離・元素の確認

●ろ過

ガラス棒に伝わらせて注ぐ

ろうとの足は内壁につける

06 追試

●蒸留

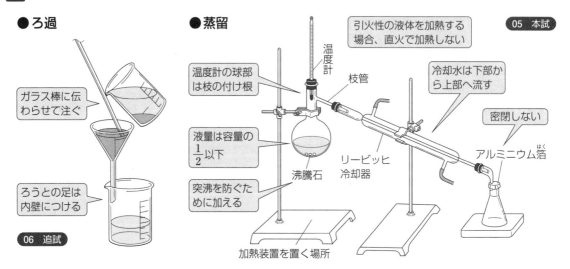

引火性の液体を加熱する場合、直火で加熱しない

05 本試

温度計

温度計の球部は枝の付け根

枝管

冷却水は下部から上部へ流す

液量は容量の$\frac{1}{2}$以下

沸騰石

突沸を防ぐために加える

密閉しない

リービッヒ冷却器

アルミニウム箔

加熱装置を置く場所

●抽出

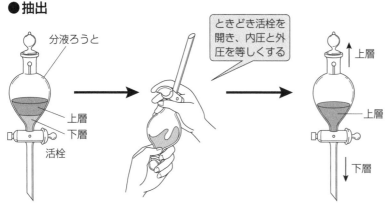

分液ろうと

上層
下層

活栓

ときどき活栓を開き、内圧と外圧を等しくする

上層

上層

下層

04 本試 改

さかさまにして、よく振ったのち静置する。

下層は下部から、上層は上部から取り出す。

●ペーパークロマトグラフィー

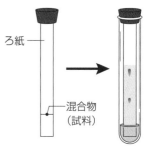

ろ紙

混合物（試料）

混合物をつけたろ紙を、水などの溶媒が入った試験管に差し入れる。溶媒がろ紙を上昇していくにつれて、混合物が分離される。

●昇華法

冷水

不純物（不揮発性）を含むヨウ素

砂

混合物を加熱すると、ヨウ素だけが昇華し、丸底フラスコの底面に析出する。

90 本試

●ガスバーナー

外炎
内炎

点火：ガス調節ねじをあけて点火し、空気調節ねじをあけてガスを完全燃焼させる。
消火：空気調節ねじ、ガス調節ねじの順にしめる。

●炎色反応

外炎

白金線

白金線は試料をつける前に濃塩酸に浸して外炎に入れる操作を繰り返し、汚れを取り除いておく。

2 中和滴定

酢酸水溶液を、濃度既知の水酸化ナトリウム水溶液で滴定して、濃度を決定する。

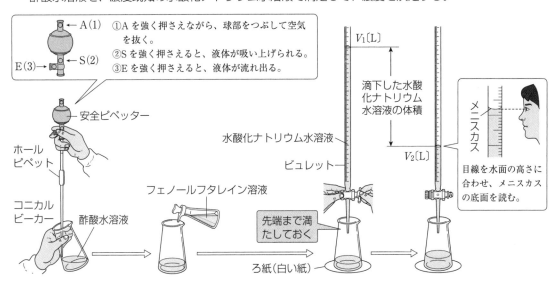

①A を強く押さえながら、球部をつぶして空気を抜く。
②S を強く押さえると、液体が吸い上げられる。
③E を強く押さえると、液体が流れ出る。

安全ピペッター

ホールピペット

コニカルビーカー

酢酸水溶液

フェノールフタレイン溶液

ろ紙(白い紙)

水酸化ナトリウム水溶液

ビュレット

先端まで満たしておく

滴下した水酸化ナトリウム水溶液の体積

V_1〔L〕

V_2〔L〕

メニスカス

目線を水面の高さに合わせ、メニスカスの底面を読む。

3 気体の発生と捕集法

実験操作

①上方置換 (水に溶けやすく、空気よりも軽い気体)

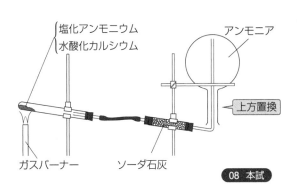

塩化アンモニウム
水酸化カルシウム

アンモニア

上方置換

ガスバーナー　　ソーダ石灰

08 本試

②下方置換 (水に溶けやすく、空気よりも重い気体)

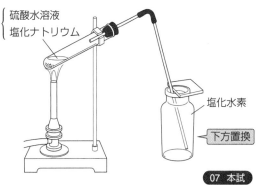

硫酸水溶液
塩化ナトリウム

塩化水素

下方置換

07 本試

③水上置換 (水に溶けにくい気体)

過酸化水素水

水上置換

酸素

酸化マンガン(Ⅳ)　　水

○ふたまた試験管を用いた気体の発生法

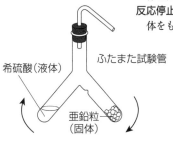

希硫酸(液体)

亜鉛粒(固体)

ふたまた試験管

くびれのある管に固体の試薬、もう一方に液体の試薬を入れる。
反応開始：試験管を傾けて、液体を固体に注ぎ、反応させる。
反応停止：試験管を傾けて、液体をもとの管にもどす。

14 追試

65

174 実験操作 1分 化学実験の操作として正しいものを、次の①〜⑤のうちから一つ選べ。

① てんびんを使って粉末状の薬品をはかり取るときには、てんびんの皿の上に直接薬品をのせる。
② ビーカー内でおこっている反応の様子は、ビーカーの真上からのぞき込んで観察する。
③ 加熱している液体の温度を均一にするには、液体を温度計でかき混ぜる。
④ ガスバーナーに点火するときには、先に空気調節ねじを開いてからガス調節ねじを開く。
⑤ 成分がわからない液体をホールピペットで吸い上げるときには、安全ピペッターを用いる。

(08 センター追試)

175 試薬の取り扱い 1分 実験操作に関する記述として**誤りを含むもの**を、次の①〜⑤のうちから一つ選べ。

① 液体の試薬を注ぐときには、試薬びんのラベルを上にして注ぐ。
② 一度試薬びんから取り出した試薬は、再びもとの試薬びんにもどさない。
③ 有害な重金属イオンを含む実験廃液は、水で希釈したとしても流しに捨ててはいけない。
④ 希硫酸をつくるときには、よくかき混ぜながら、水に濃硫酸を少しずつ加える。
⑤ 水酸化ナトリウムの水溶液が皮膚や粘膜についたら、すぐに大量の希塩酸で十分に洗う。

(01 センター追試 改)

176 試験管による加熱 2分 試験管に水溶液を入れて加熱する実験について、次の各問いに答えよ。

a 試験管に入れる水溶液の量は、図Aの①、②のうち、どちらがよいか。
b 試験管を、図Bの①のように大きな赤い炎の下部にさしこんで熱するのと、②のように小さな二重の炎の上にかざして熱するのと、どちらがよいか。
c 試験管は、図Cの①のように一定の位置に保持するのと、②のように軽く振り動かすのと、どちらがよいか。

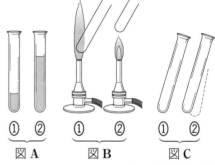

図A　　　図B　　　図C

(83 共通一次追試)

177 溶液の濃度 1分 濃度 1.00 mol/L の塩化ナトリウム水溶液がある。これを水で希釈して正確に $\frac{1}{10}$ の濃度の溶液を 100 mL つくりたい。このために使用する器具の組合せとして最も適当なものを、次の①〜⑤のうちから一つ選べ。

①
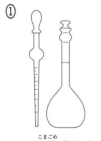
10mL 駒込ピペット
(目盛り付きスポイト)
100mL メスフラスコ

②
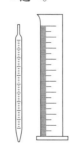
10mL メスピペット
100mL メスシリンダー

③

10mL ホールピペット
100mL メスフラスコ

④
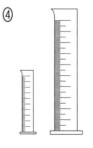
10mL メスシリンダー
100mL メスシリンダー

⑤

10mL メスシリンダー
100mL メスフラスコ

(94 センター追試)

178 ☆☆ **気体の発生と捕集** 1分 炭酸カルシウムと希塩酸をふたまた試験管中で反応させ、気体を発生させる。この実験を行うとき、ふたまた試験管の使い方（**ア・イ**）、気体捕集法（**ウ・エ**）、およびこの実験で発生した気体を石灰水に通じたときの石灰水の変化の組合せとして最も適当なものを、下の①〜⑧のうちから一つ選べ。ただし、図中のAとBの部分をゴム管で連結する。

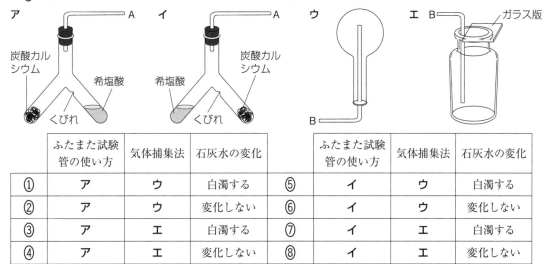

	ふたまた試験管の使い方	気体捕集法	石灰水の変化		ふたまた試験管の使い方	気体捕集法	石灰水の変化
①	ア	ウ	白濁する	⑤	イ	ウ	白濁する
②	ア	ウ	変化しない	⑥	イ	ウ	変化しない
③	ア	エ	白濁する	⑦	イ	エ	白濁する
④	ア	エ	変化しない	⑧	イ	エ	変化しない

(16　センター本試)

179 ☆☆☆ **アボガドロ定数と単分子膜** 3分 物質Aは、図に示すように、棒状の分子が水面に直立してすき間なく並び、一層の膜（単分子膜）を形成する。物質Aの質量が w〔g〕のとき、この膜の全体の面積は X〔cm^2〕であった。物質Aのモル質量を M〔g/mol〕、アボガドロ定数を N_A〔/mol〕としたとき、分子1個の断面積 s〔cm^2〕を表す式として正しいものを、下の①〜⑥のうちから一つ選べ。

① $\dfrac{XN_A}{wM}$　② $\dfrac{XM}{wN_A}$　③ $\dfrac{Xw}{MN_A}$　④ $\dfrac{XwM}{N_A}$　⑤ $\dfrac{XwN_A}{M}$　⑥ $\dfrac{XMN_A}{w}$

(17　センター本試)

180 ☆ **気体の反応** 2分 図のように、集気びんAに塩化水素を含む空気を、集気びんBにアンモニアを含む空気を満たした。ガラス板を引き抜くと、気体どうしが反応して白煙を生じた。この反応に関連する記述として正しいものを、下の①〜⑤のうちから二つ選べ。

①　白煙が生じたのは、NH_4Cl が生成したからである。

②　白煙が生じたのは、アンモニアが凝縮したからである。

③　集気びんBに入れたアンモニアを含む空気のかわりに二酸化炭素を使っても、白煙を生じる。

④　この反応は、OH^- が関与しないので酸と塩基の反応ではない。

⑤　この反応では、アンモニアが塩化水素から H^+ を受け取っている。

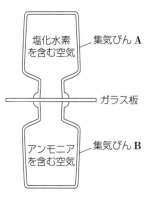

(06　センター追試　改)

資料の読み取り問題

☑ **181** ☆☆☆ **飲料水の性質を調べる実験** 5分　図1のラベルが貼ってある3種類の飲料水X～Zのいずれか
が、コップⅠ～Ⅲにそれぞれ入っている。どのコップにどの飲料水が入っているかを見分けるために、
BTB(ブロモチモールブルー)溶液と図2のような装置を用いて実験を行った。その結果を表1に示す。

飲料水X

名称：ボトルドウォーター
原材料名：水(鉱水)

栄養成分(100mL あたり)
エネルギー　　　　　　　　　0 kcal
たんぱく質・脂質・炭水化物　　0 g
ナトリウム　　　　　　　　0.8mg
カルシウム　　　　　　　　1.3mg
マグネシウム　　　　　　　0.64mg
カリウム　　　　　　　　　0.16mg

pH 値　8.8～9.4　　硬度　59mg/L

飲料水Y

名称：ナチュラルミネラルウォーター
原材料名：水(鉱水)

栄養成分(100mL あたり)
エネルギー　　　　　　　　　0 kcal
たんぱく質・脂質・炭水化物　　0 g
ナトリウム　　　　　　0.4～1.0mg
カルシウム　　　　　　0.6～1.5mg
マグネシウム　　　　　0.1～0.3mg
カリウム　　　　　　　0.1～0.5mg

pH 値　約7　　硬度　約30mg/L

飲料水Z

名称：ナチュラルミネラルウォーター
原材料名：水(鉱水)

栄養成分(100mL あたり)
たんぱく質・脂質・炭水化物　　0 g
ナトリウム　　　　　　　　1.42mg
カルシウム　　　　　　　　54.9mg
マグネシウム　　　　　　　11.9mg
カリウム　　　　　　　　　0.41mg

pH 値　7.2　　硬度　約1849mg/L

図1

表1　実験操作とその結果

	BTB 溶液を加えて色を調べた結果	図2の装置を用いて電球がつくか調べた結果
コップⅠ	緑	ついた
コップⅡ	緑	つかなかった
コップⅢ	青	つかなかった

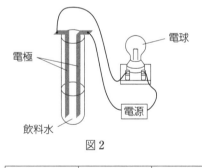

図2

コップⅠ～Ⅲに入っている飲料水X～Zの組合せとして最も適当なものを、次の①～⑥のうちから一つ選べ。ただし、飲料水X～Zに含まれる陽イオンはラベルに示されている元素のイオンだけとみなすことができ、水素イオンや水酸化物イオンの量はこれらに比べて無視できるものとする。　　(18　プレテスト)

	コップⅠ	コップⅡ	コップⅢ
①	X	Y	Z
②	X	Z	Y
③	Y	X	Z
④	Y	Z	X
⑤	Z	X	Y
⑥	Z	Y	X

☑ **182** 酸化数 **5分** 次の文章を読み、問い（**問1・2**）に答えよ。

電気陰性度は、原子が共有電子対を引きつける相対的な強さを数値で表したものである。アメリカの化学者ポーリングの定義によると、表1の値となる。

表1　ポーリングの電気陰性度

原子	H	C	O
電気陰性度	2.2	2.6	3.4

共有結合している原子の酸化数は、電気陰性度の大きい方の原子が共有電子対を完全に引きつけたと仮定して定められている。たとえば水分子では、図1のように酸素原子が矢印の方向に共有電子対を引きつけるので、酸素原子の酸化数は -2、水素原子の酸化数は $+1$ となる。同様に考えると、二酸化炭素分子では、図2のようになり、炭素原子の酸化数は $+4$、酸素原子の酸化数は -2 となる。

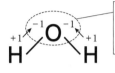

2個の水素原子から電子を1個ずつ引きつけるので、酸素原子の酸化数は -2 となる。

図1

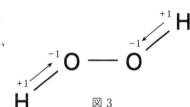

図2

ところで、過酸化水素分子の酸素原子は、図3のように O−H 結合において共有電子対を引きつけるが、O−O 結合においては、どちらの酸素原子も共有電子対を引きつけることができない。したがって、酸素原子の酸化数はいずれも -1 となる。

図3

問1　H_2O、H_2、CH_4 の分子の形を図4に示す。これらの分子のうち、酸化数が $+1$ の原子を含む無極性分子はどれか。正しく選択しているものを、下の①〜⑥のうちから一つ選べ。

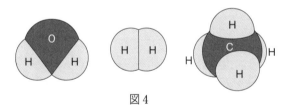

図4

① H_2O　　② H_2　　③ CH_4　　④ H_2O と H_2　　⑤ H_2O と CH_4　　⑥ H_2 と CH_4

問2　エタノールは酒類に含まれるアルコールであり、酸化反応により構造が変化して酢酸となる。

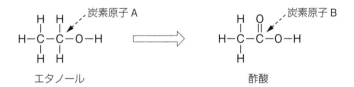

エタノール分子中の炭素原子Aの酸化数と、酢酸分子中の炭素原子Bの酸化数は、それぞれいくつか。最も適当なものを、次の①〜⑨のうちから一つずつ選べ。ただし、同じものを繰り返し選んでもよい。

① $+1$　　② $+2$　　③ $+3$　　④ $+4$　　⑤ 0

⑥ -1　　⑦ -2　　⑧ -3　　⑨ -4

(18　プレテスト)

エタノール C$_2$H$_5$OH は世界で年間およそ 1 億キロリットル生産されており、その多くはアルコール発酵を利用している。アルコール発酵で得られる溶液のエタノール濃度は低く、高濃度のエタノール水溶液を得るには蒸留が必要である。エタノールの性質と蒸留に関する、次の問い(**問1・2**)に答えよ。

問1 文献によると、圧力 1.013×10^5 Pa で 20℃ のエタノール 100 g および水 100 g を、単位時間あたりに加える熱量を同じにして加熱すると、それぞれの液体の温度は図 1 の実線 **a** および **b** のように変化する。t_1、t_2 は残ったエタノールおよび水がそれぞれ 50 g になる時間である。一方、ある濃度のエタノール水溶液 100 g を同じ条件で加熱すると、純粋なエタノールや水と異なり、水溶液の温度は図 1 の破線 **c** のように沸騰が始まったあとも少しずつ上昇する。この理由は、加熱により水溶液のエタノール濃度が変化するためと考えられる。図 1 の実線 **a**、**b** および破線 **c** に関する記述として下線部に**誤りを含むもの**はどれか。最も適当なものを、下の①〜④のうちから一つ選べ。

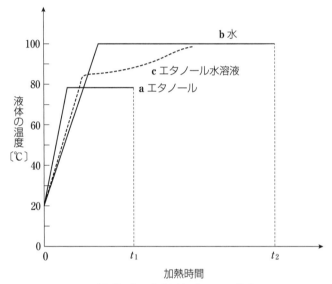

図 1 エタノール(実線 **a**)と水(実線 **b**)、ある濃度のエタノール
水溶液(破線 **c**)の加熱による温度変化

① エタノールおよび水の温度を 20℃ から 40℃ へ上昇させるために必要な熱量は、<u>水の方がエタノールよりも大きい</u>。

② エタノール水溶液を加熱していったとき、<u>時間 t_1 においてエタノールは水溶液中に残存している</u>。

③ <u>純物質の沸点は物質量に依存しないので</u>、水もエタノールも、沸騰開始後に加熱を続けて液体を蒸発させても液体の温度は変わらない。

④ エタノール 50 g が水 50 g より短時間で蒸発することから、<u>1 g の液体を蒸発させるのに必要な熱量は、エタノールの方が水より大きい</u>ことがわかる。

問2 エタノール水溶液(原液)を蒸留すると、蒸発した気体を液体として回収した水溶液(蒸留液)と、蒸発せずに残った水溶液(残留液)が得られる。このとき、蒸留液のエタノール濃度が、原液のエタノール濃度によってどのように変化するかを調べるために、次の**操作Ⅰ〜Ⅲ**を行った。

操作Ⅰ 試料として、質量パーセント濃度が10%から90%までの9種類のエタノール水溶液（原液A〜Ｉ）をつくった。

操作Ⅱ 蒸留装置を用いて、原液A〜Ｉをそれぞれ加熱し、蒸発した気体をすべて回収して、原液の質量の $\frac{1}{10}$ の蒸留液と $\frac{9}{10}$ の残留液を得た。

$$\boxed{原\quad 液} \xrightarrow{\text{加熱}} \boxed{蒸留液} + \boxed{残留液}$$

操作Ⅲ 得られた蒸留液のエタノール濃度を測定した。

図2に、原液A〜Ｉを用いたときの蒸留液中のエタノールの質量パーセント濃度を示す。図2より、たとえば質量パーセント濃度10%のエタノール水溶液（原液A）に対して**操作Ⅱ・Ⅲ**を行うと、蒸留液中のエタノールの質量パーセント濃度は50%と高くなることがわかる。次の問い（**a〜c**）に答えよ。

a **操作Ⅰ**で、原液Aをつくる手順として最も適当なものを、次の①〜④のうちから一つ選べ。ただし、エタノールと水の密度はそれぞれ $0.79\,\mathrm{g/cm^3}$、$1.00\,\mathrm{g/cm^3}$ とする。

① エタノール100gをビーカーに入れ、水900gを加える。

② エタノール100gをビーカーに入れ、水1000gを加える。

③ エタノール100mLをビーカーに入れ、水900mLを加える。

④ エタノール100mLをビーカーに入れ、水1000mLを加える。

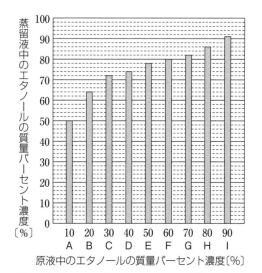

図2 原液A〜Ｉ中のエタノールの質量パーセント濃度と蒸留液中のエタノールの質量パーセント濃度の関係

b 原液Aに対して **操作Ⅱ・Ⅲ**を行ったとき、残留液中のエタノールの質量パーセント濃度は何%か。最も適当な数値を、次の①〜⑤のうちから一つ選べ。

① 4.4 ② 5.0 ③ 5.6 ④ 6.7 ⑤ 10

c 蒸留を繰り返すと、より高濃度のエタノール水溶液が得られる。そこで、**操作Ⅱ**で原液Aを蒸留して得られた蒸留液1を再び原液とし、**操作Ⅱ**と同様にして蒸留液2を得た。蒸留液2のエタノールの質量パーセント濃度は何%か。最も適当な数値を、下の①〜⑤のうちから一つ選べ。

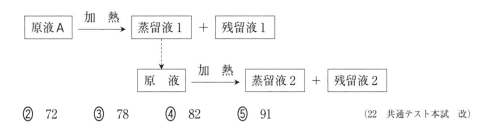

① 64 ② 72 ③ 78 ④ 82 ⑤ 91 （22 共通テスト本試 改）

71

グラフ問題

☑ **184** グラフ問題 **5分** グラフに関する次の問い（**問1・2**）に答えよ。

問1 熱運動は、温度が高いほど激しくなり、熱運動によって動きまわる気体分子の速さも温度が高いほど大きくなる。また、同じ温度の気体でも、気体分子は、すべてが同じ速さではなく、遅い分子もあれば、速い分子もあることが知られている。図1は、熱運動する一定数の気体分子Aについて、−173℃、27℃、227℃におけるAの速さと、その速さをもつ分子の数の割合の関係を示したものである。図から読み取れる内容および考察に関する記述として**誤りを含むもの**はどれか。最も適当なものを、下の①〜⑤のうちから一つ選べ。

① −173℃では約240m/sの速さをもつ分子の数の割合が最も高い。

② −173℃から27℃、227℃に温度が上昇すると、約240m/sの速さをもつ分子の数の割合が減少する。

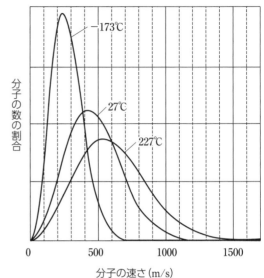

図　各温度における気体分子Aの速さと、その速さをもつ分子の数の割合の関係

③ −173℃から27℃、227℃に温度が上昇すると、約800m/sの速さをもつ分子の数の割合が増加する。

④ 227℃から727℃に温度を上昇させると、分子の速さの分布が幅広くなると予想される。

⑤ 227℃から727℃に温度を上昇させると、約540m/sの速さをもつ分子の数の割合は増加すると予想される。

(21 共通テスト第2日程 改)

問2 清涼飲料水の中には、酸化防止剤としてビタミンC（アスコルビン酸）$C_6H_8O_6$ が添加されているものがある。ビタミンCは酸素 O_2 と反応することで、清涼飲料水中の成分の酸化を防ぐ。このときビタミンCおよび酸素の反応は、次のように表される。

$$C_6H_8O_6 \longrightarrow C_6H_6O_6 + 2H^+ + 2e^-$$
ビタミンC　　　ビタミンCが
　　　　　　　酸化されたもの

$$O_2 + 4H^+ + 4e^- \longrightarrow 2H_2O$$

ビタミンCと酸素が過不足なく反応したときの、反応したビタミンCの物質量と、反応した酸素の物質量の関係を表す直線として最も適当なものを、右図の①〜⑤のうちから一つ選べ。

(18 プレテスト)

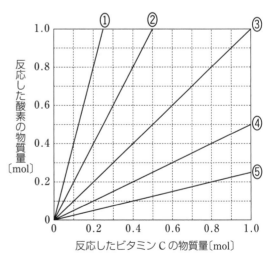

☑ **185** ☆☆☆ **イオンの反応と電気伝導性** ⏲5分 水溶液中のイオンの濃度は、電気の通しやすさで測定することができる。硫酸銀 Ag_2SO_4 および塩化バリウム $BaCl_2$ は、水に溶解して電解質水溶液となり電気を通す。一方、Ag_2SO_4 水溶液と $BaCl_2$ 水溶液を混合すると、次の反応によって塩化銀 $AgCl$ と硫酸バリウム $BaSO_4$ の沈殿が生じ、水溶液中のイオンの濃度が減少するため電気を通しにくくなる。

$$Ag_2SO_4 + BaCl_2 \longrightarrow BaSO_4\downarrow + 2AgCl\downarrow$$

この性質を利用した次の**実験**に関する問い（**a ～ c**）に答えよ。

実験 0.010 mol/L の Ag_2SO_4 水溶液 100 mL に、濃度不明の $BaCl_2$ 水溶液を滴下しながら混合溶液の電気の通しやすさを調べたところ、表1に示す電流〔μA〕が測定された。ただし、$1\mu A = 1\times 10^{-6}A$ である。

a この実験において、Ag_2SO_4 を完全に反応させるのに必要な $BaCl_2$ 水溶液は何 mL か。最も適当な数値を、次の①〜⑤のうちから一つ選べ。必要があれば、下の方眼紙を使うこと。

① 3.6 ② 4.1 ③ 4.6 ④ 5.1 ⑤ 5.6

表1 $BaCl_2$ 水溶液の滴下量と電流の関係

$BaCl_2$ 水溶液の滴下量〔mL〕	電流〔μA〕
2.0	70
3.0	44
4.0	18
5.0	13
6.0	41
7.0	67

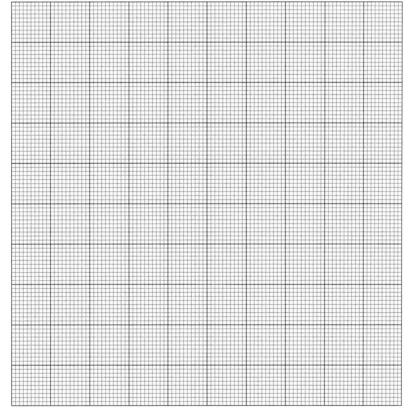

b 十分な量の $BaCl_2$ 水溶液を滴下したとき、生成する $AgCl$（式量143.5）の沈殿は何 g か。最も適当な数値を、次の①〜④のうちから一つ選べ。

① 0.11 ② 0.14 ③ 0.22 ④ 0.29

c 用いた $BaCl_2$ 水溶液の濃度は何 mol/L か。最も適当な数値を、次の①〜⑥のうちから一つ選べ。

① 0.20 ② 0.22 ③ 0.24 ④ 0.39 ⑤ 0.44 ⑥ 0.48

(21 共通テスト第2日程)

総合問題

プルーストは、一つの化合物を構成している成分元素の質量の比は、常に一定であるという定比例の法則を提唱した。次の**実験**は、炭酸ストロンチウム $SrCO_3$ を強熱すると、次の式(1)に示すように、固体の酸化ストロンチウム SrO と二酸化炭素 CO_2 に分解することを利用して、ストロンチウム Sr の原子量を求めることを目的としたものである。

$$SrCO_3 \longrightarrow SrO + CO_2 \tag{1}$$

実験 細かくすりつぶした $SrCO_3$ をはかりとり、十分な時間強熱した。用いた $SrCO_3$ の質量と加熱後に残った固体の質量との関係は、表1のようになった。

表1 用いた $SrCO_3$ と加熱後に残った固体の質量

用いた $SrCO_3$ の質量〔g〕	0.570	1.140	1.710
加熱後に残った固体の質量〔g〕	0.400	0.800	1.200

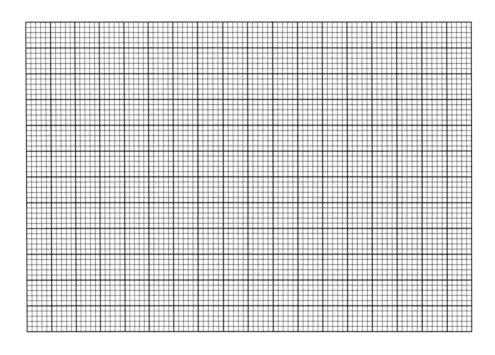

式(1)の反応では、分解する $SrCO_3$ と生じる SrO の質量の 　**ア**　 は、発生する CO_2 の質量に等しい。また、生じる SrO と CO_2 の質量の 　**イ**　 は、分解する $SrCO_3$ の量にかかわらず一定となる。したがって、炭素 C と酸素 O の原子量を用いて、Sr の原子量を求めることができる。次の問い(**a・b**)に答えよ。必要であれば方眼紙を用いてよい。

a 空欄 　**ア**　・　**イ**　 に当てはまる語の組合せとして最も適当なものを、次の①～⑥のうちから一つ選べ。

b **実験**の結果から求められる Sr の原子量はいくらか。最も適当な数値を、次の①～⑥のうちから一つ選べ。ただし、加熱によりすべての $SrCO_3$ が反応したものとする。

　① 76　　　② 80　　　③ 88　　　④ 96
　⑤ 104　　② 120

	ア	イ
①	和	和
②	和	差
③	和	比
④	差	和
⑤	差	差
⑥	差	比

実験観察問題

☑ **187** ☆☆☆ **中和滴定の実験** -8分-　学校の授業で、ある高校生がトイレ用洗浄剤に含まれる塩化水素の濃度を中和滴定により求めた。次に示したものは、その実験報告書の一部である。この報告書を読み、問い(**問1 ～ 4**)に答えよ。

「まぜるな危険　酸性タイプ」の洗浄剤に含まれる塩化水素濃度の測定

【目的】

　トイレ用洗浄剤のラベルに「まぜるな危険　酸性タイプ」と表示があった。このトイレ用洗浄剤は塩化水素を約10％含むことがわかっている。この洗浄剤(以下「試料」という)を水酸化ナトリウム水溶液で中和滴定し、塩化水素の濃度を正確に求める。

【試料の希釈】

　滴定に際して、試料の希釈が必要かを検討した。塩化水素の分子量は36.5なので、試料の密度を1 g/cm³と仮定すると、試料中の塩化水素のモル濃度は約3 mol/Lである。この濃度では、約0.1 mol/Lの水酸化ナトリウム水溶液を用いて中和滴定を行うには濃すぎるので、試料を希釈することとした。試料の希釈溶液10mLに、約0.1mol/Lの水酸化ナトリウム水溶液を15mL程度加えたときに中和点となるようにするには、試料を　**ア**　倍に希釈するとよい。

【実験操作】

1．試料10.0mLを、ホールピペットを用いてはかり取り、その質量を求めた。

2．試料を、メスフラスコを用いて正確に　**ア**　倍に希釈した。

3．この希釈溶液10.0mLを、ホールピペットを用いて正確にはかり取り、コニカルビーカーに入れ、フェノールフタレイン溶液を2、3滴加えた。

4．ビュレットから0.103mol/Lの水酸化ナトリウム水溶液を少しずつ滴下し、赤色が消えなくなった点を中和点とし、加えた水酸化ナトリウム水溶液の体積を求めた。

5．3と4の操作を、さらにあと2回繰り返した。

【結果】

1．実験操作1で求めた試料10.0mLの質量は10.40gであった。

2．この実験で得られた滴下量は次のとおりであった。

	加えた水酸化ナトリウム水溶液の体積〔mL〕
1回目	12.65
2回目	12.60
3回目	12.61
平均値	12.62

3．加えた水酸化ナトリウム水溶液の体積を、平均値12.62mLとし、試料中の塩化水素の濃度を求めた。なお、試料中の酸は塩化水素のみからなるものと仮定した。

(中略)

　希釈前の試料に含まれる塩化水素のモル濃度は、2.60mol/Lとなった。

4．試料の密度は、結果1より1.04g/cm³となるので、試料中の塩化水素(分子量36.5)の質量パーセント濃度は　**イ**　％であることがわかった。

(以下略)

問1 ア にあてはまる数値として最も適当なものを、次の①～⑤のうちから一つ選べ。

① 2　　　② 5　　　③ 10　　　④ 20　　　⑤ 50

問2 別の生徒がこの実験を行ったところ、NaOH水溶液の滴下量が、正しい量より大きくなることがあった。どのような原因が考えられるか。最も適当なものを、次の①～④のうちから一つ選べ。

① 実験操作3で使用したホールピペットが水でぬれていた。

② 実験操作3で使用したコニカルビーカーが水でぬれていた。

③ 実験操作3でフェノールフタレイン溶液を多量に加えた。

④ 実験操作4で滴定開始前にビュレットの先端部分にあった空気が滴定の途中でぬけた。

問3 イ にあてはまる数値として最も適当なものを、次の①～⑤のうちから一つ選べ。

① 8.7　　　② 9.1　　　③ 9.5　　　④ 9.8　　　⑤ 10.3

問4 この「酸性タイプ」の洗浄剤と、次亜塩素酸ナトリウム NaClO を含む「まぜるな危険　塩素系」の表示のある洗浄剤を混合してはいけない。これは、式(1)のように弱酸である次亜塩素酸 HClO が生成し、さらに式(2)のように次亜塩素酸が塩酸と反応して、有毒な塩素が発生するためである。

$$NaClO + HCl \longrightarrow NaCl + HClO \qquad (1)$$

$$HClO + HCl \longrightarrow Cl_2 + H_2O \qquad (2)$$

式(1)の反応と類似性が最も高い反応は**あ～う**のうちのどれか。また、その反応を選んだ根拠となる類似性は**a**、**b**のどちらか。反応と類似性の組合せとして最も適当なものを、下の①～⑥のうちから一つ選べ。

【反応】

あ 過酸化水素水に酸化マンガン(Ⅳ)を加えると気体が発生した。

い 酢酸ナトリウムに希硫酸を加えると刺激臭がした。

う 亜鉛に希塩酸を加えると気体が発生した。

【類似性】

a 弱酸の塩と強酸の反応である。

b 酸化還元反応である。

(18　プレテスト)

	反応	類似性
①	あ	a
②	あ	b
③	い	a
④	い	b
⑤	う	a
⑥	う	b

☑ **188** ☆ **陽イオン交換樹脂** -5分- 陽イオン交換樹脂を用いた実験に関する次の問い(**問1・2**)に答えよ。

問1 電解質の水溶液中の陽イオンを水素イオン H⁺ に交換する働きをもつ合成樹脂を、水素イオン型陽イオン交換樹脂という。

塩化ナトリウム NaCl の水溶液を例にとって、この陽イオン交換樹脂の使い方を図に示す。粒状の陽イオン交換樹脂を詰めたガラス管に NaCl 水溶液を通すと、陰イオン Cl⁻ は交換されず、陽イオン Na⁺ は水素イオン H⁺ に交換され、HCl 水溶液(塩酸)が出てくる。一般に、交換される陽イオンと水素イオンの物質量の関係は、次のように表される。

(陽イオンの価数)×(陽イオンの物質量)＝(水素イオンの物質量)

次の問い（ **a・b** ）に答えよ。

a NaCl は正塩に分類される。正塩で**ないもの**を、次の①〜④のうちから一つ選べ。

① $CuSO_4$　　② Na_2SO_4　　③ $NaHSO_4$　　④ NH_4Cl

b 同じモル濃度、同じ体積の水溶液**ア〜エ**をそれぞれ、陽イオン交換樹脂に通し、陽イオンがすべて水素イオンに交換された水溶液を得た。得られた水溶液中の水素イオンの物質量が最も大きいものは**ア〜エ**のどれか。最も適当なものを、次の①〜④のうちから一つ選べ。

ア KCl 水溶液　　**イ** NaOH 水溶液　　**ウ** $MgCl_2$ 水溶液　　**エ** CH_3COONa 水溶液

① ア　　　② イ　　　③ ウ　　　④ エ

問2 塩化カルシウム $CaCl_2$ には吸湿性がある。実験室に放置された塩化カルシウムの試料A 11.5 g に含まれる水 H_2O の質量を求めるため、陽イオン交換樹脂を用いて次の**実験Ⅰ〜Ⅲ**を行った。この**実験**に関する下の問い（ **a〜c** ）に答えよ。

実験Ⅰ 試料A 11.5 g を 50.0 mL の水に溶かし、(a)$CaCl_2$ 水溶液とした。この水溶液を陽イオン交換樹脂を詰めたガラス管に通し、さらに約 100 mL の純水で十分に洗い流して Ca^{2+} がすべて H^+ に交換された塩酸を得た。

実験Ⅱ (b)**実験Ⅰ**で得られた塩酸を希釈して 500 mL にした。

実験Ⅲ **実験Ⅱ**の希釈溶液をホールピペットで 10.0 mL とり、コニカルビーカーに移して、指示薬を加えたのち、0.100 mol/L の水酸化ナトリウム NaOH 水溶液で中和滴定した。中和点に達するまでに滴下した NaOH 水溶液の体積は 40.0 mL であった。

a 下線部(a)の $CaCl_2$ 水溶液の pH と最も近い pH の値をもつ水溶液を、次の①〜④のうちから一つ選べ。ただし、混合する酸および塩基の水溶液はすべて、濃度が 0.100 mol/L、体積は 10.0 mL とする。

① 希硫酸と水酸化カリウム水溶液を混合した水溶液

② 塩酸と水酸化カリウム水溶液を混合した水溶液

③ 塩酸とアンモニア水を混合した水溶液

④ 塩酸と水酸化バリウム水溶液を混合した水溶液

b 下線部(b)に用いた器具と操作に関する記述として最も適当なものを、次の①〜④のうちから一つ選べ。

① 得られた塩酸をビーカーで 50.0 mL はかりとり、そこに水を加えて 500 mL にする。

② 得られた塩酸をすべてメスフラスコに移し、水を加えて 500 mL にする。

③ 得られた塩酸をホールピペットで 50.0 mL とり、メスシリンダーに移し、水を加えて 500 mL にする。

④ 得られた塩酸をすべてメスシリンダーに移し、水を加えて 500 mL にする。

c **実験Ⅰ〜Ⅲ**の結果より、試料A 11.5 g に含まれる H_2O の質量は何 g か。最も適当な数値を、次の①〜④のうちから一つ選べ。ただし、$CaCl_2$ の式量は111とする。

① 0.4　　② 1.5　　③ 2.5　　④ 2.6

(21 共通テスト)

総合問題

☑ **189** 塩分の測定 ⏱10分 次の文章を読み、後の問い（問1～5）に答えよ。

ある生徒は、「血圧が高めの人は、塩分の取りすぎに注意しなくてはいけない」という話を聞き、しょうゆに含まれる塩化ナトリウム NaCl の量を分析したいと考え、文献を調べた。

文献の記述

水溶液中の塩化物イオン Cl^- の濃度を求めるには、指示薬として少量のクロム酸カリウム K_2CrO_4 を加え、硝酸銀 $AgNO_3$ 水溶液を滴下する。水溶液中の Cl^- は、加えた銀イオン Ag^+ と反応し塩化銀 $AgCl$ の白色沈殿を生じる。Ag^+ の物質量が Cl^- と過不足なく反応するのに必要な量を超えると、(a)過剰な Ag^+ とクロム酸イオン $CrO_4{}^{2-}$ が反応してクロム酸銀 Ag_2CrO_4 の暗赤色沈殿が生じる。したがって、滴下した $AgNO_3$ 水溶液の量から、Cl^- の物質量を求めることができる。

そこでこの生徒は、3種類の市販のしょうゆ A～C に含まれる Cl^- の濃度を分析するため、それぞれに次の**操作Ⅰ～Ⅴ**を行い、表1に示す実験結果を得た。ただし、しょうゆには Cl^- 以外に Ag^+ と反応する成分は含まれていないものとする。

操作Ⅰ ホールピペットを用いて、250 mL のメスフラスコに 5.00 mL のしょうゆをはかり取り、標線まで水を加えて、しょうゆの希釈溶液を得た。

操作Ⅱ ホールピペットを用いて、**操作Ⅰ**で得られた希釈溶液から一定量をコニカルビーカーにはかり取り、水を加えて全量を 50 mL にした。

操作Ⅲ **操作Ⅱ**のコニカルビーカーに少量の K_2CrO_4 を加え、得られた水溶液を試料とした。

操作Ⅳ **操作Ⅲ**の試料に 0.0200 mol/L の $AgNO_3$ 水溶液を滴下し、よく混ぜた。

操作Ⅴ 試料が暗赤色に着色して、よく混ぜてもその色が消えなくなるまでに要した滴下量を記録した。

表1　しょうゆ A～C の実験結果のまとめ

しょうゆ	操作Ⅱではかり取った希釈溶液の体積〔mL〕	操作Ⅴで記録した $AgNO_3$ 水溶液の滴下量〔mL〕
A	5.00	14.25
B	5.00	15.95
C	10.00	13.70

問1 下線部(a)に示した $CrO_4{}^{2-}$ に関する次の記述を読み、後の問い（**a・b**）に答えよ。

この実験は水溶液が弱い酸性から中性の範囲で行う必要がある。強い酸性の水溶液中では、次の式(1)にしたがって、$CrO_4{}^{2-}$ から二クロム酸イオン $Cr_2O_7{}^{2-}$ が生じる。

$$\boxed{ア}\ CrO_4{}^{2-}\ +\ \boxed{イ}H^+\ \longrightarrow\ \boxed{ウ}\ Cr_2O_7{}^{2-}\ +\ H_2O \tag{1}$$

したがって、試料が強い酸性の水溶液である場合、$CrO_4{}^{2-}$ は $Cr_2O_7{}^{2-}$ に変化してしまい指示薬としてはたらかない。式(1)の反応では、クロム原子の酸化数は反応の前後で $\boxed{エ}$。

a 式(1)の係数 $\boxed{ア}$ ～ $\boxed{ウ}$ に当てはまる数字を、次の①～⑨のうちから一つずつ選べ。ただし、係数が1の場合は①を選ぶこと。同じものを繰り返し選んでもよい。

① 1 ② 2 ③ 3 ④ 4 ⑤ 5 ⑥ 6 ⑦ 7 ⑧ 8 ⑨ 9

b 空欄 $\boxed{エ}$ に当てはまる記述として最も適当なものを、次の①～④のうちから一つ選べ。

① +3 から +6 に増加する
② +6 から +3 に減少する
③ 変化せず、どちらも +3 である
④ 変化せず、どちらも +6 である

問2 **操作Ⅳ**で、$AgNO_3$ 水溶液を滴下する際に用いる実験器具の図として最も適当なものを、次の①～④のうちから一つ選べ。

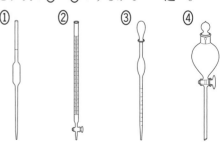

問3 操作Ⅰ～Ⅴおよび表1の実験結果に関する記述として**誤りを含むもの**を、次の①～⑤のうちから二つ選べ。

① 操作Ⅰで用いるメスフラスコは、純水での洗浄後にぬれているものを乾燥させずに用いてもよい。

② 操作ⅢのK₂CrO₄および操作ⅣのAgNO₃の代わりに、それぞれAg₂CrO₄と硝酸カリウムKNO₃を用いても、操作Ⅰ～ⅤによってCl⁻のモル濃度を正しく求めることができる。

③ しょうゆの成分として塩化カリウムKClが含まれているとき、しょうゆに含まれるNaClのモル濃度を、操作Ⅰ～Ⅴにより求めたCl⁻のモル濃度と等しいとして計算すると、正しいモル濃度よりも高くなる。

④ しょうゆCに含まれるCl⁻のモル濃度は、しょうゆBに含まれるCl⁻のモル濃度の半分以下である。

⑤ しょうゆA～Cのうち、Cl⁻のモル濃度が最も高いものは、しょうゆAである。

問4 操作Ⅳを続けたときの、AgNO₃水溶液の滴下量と、試料に溶けているAg⁺の物質量の関係は図1で表される。ここで、操作Ⅴで記録したAgNO₃水溶液の滴下量はa〔mL〕である。このとき、AgNO₃水溶液の滴下量と、沈殿したAgClの質量の関係を示したグラフとして最も適当なものを、次の①～⑥のうちから一つ選べ。ただし、CrO₄²⁻と反応するAg⁺の量は無視できるものとする。

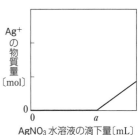

図1 AgNO₃水溶液の滴下量と試料に溶けているAg⁺の物質量の関係

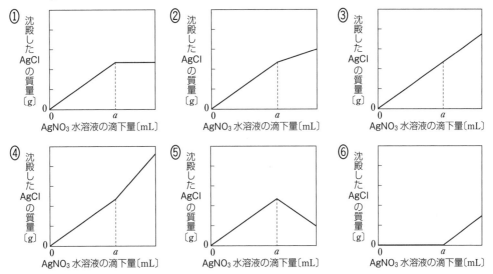

問5 a しょうゆAに含まれるCl⁻のモル濃度は何mol/Lか。最も適当な数値を、次の①～⑥のうちから一つ選べ。

① 0.0143 ② 0.0285 ③ 0.0570 ④ 1.43 ⑤ 2.85 ⑥ 5.70

b 15mL(大さじ一杯相当)のしょうゆAに含まれるNaClの質量は何gか。その数値を小数第1位まで次の形式で表すとき、 1 と 2 に当てはまる数字を、次の①～⓪のうちから一つずつ選べ。同じものを繰り返し選んでもよい。ただし、しょうゆAに含まれるすべてのCl⁻はNaClから生じたものとし、NaClの式量を58.5とする。　　　NaClの質量 1 . 2 g

① 1 ② 2 ③ 3 ④ 4 ⑤ 5 ⑥ 6 ⑦ 7 ⑧ 8 ⑨ 9 ⓪ 0

(23 共通テスト本試)

予想模擬テスト （30分、50点）

必要があれば、原子量は次の値を使うこと。
H 1.0　　C 12　　O 16　　Na 23　　Al 27

第1問　次の問い（**問1〜9**）に答えよ。（配点　30）

問1　原子の構成に関する記述として**誤りを含むもの**を、次の①〜⑤のうちから一つ選べ。｜ 1 ｜

① 原子核中の陽子の数が等しければ、同じ元素の原子である。
② 自然界に存在するすべての原子には陽子、中性子、電子が含まれる。
③ 互いに同位体である原子は、中性子の数が異なる。
④ 同族元素の原子の大きさは、原子番号が大きい原子ほど大きくなる。
⑤ 電子1個がもつ電荷の絶対値と陽子1個がもつ電荷の絶対値は等しい。

問2　図1は、物質の三態間の状態変化を示した図であり、A、B、Cは、固体、液体、気体のいずれかの状態を表している。図1に関する次の記述として**誤りを含むもの**を、次の①〜⑤のうちから一つ選べ。｜ 2 ｜

① 粒子の熱運動は、A、B、Cのすべての状態でみられる。
② BからCの状態になるとき、体積は大きくなる。
③ Cの状態では、粒子間の引力の影響が小さいため、粒子は自由に運動している。
④ Bの状態を加熱し続けると、やがてAの状態に変化する。
⑤ A、B、Cのうち、Aが最も粒子間の引力の影響が強い。

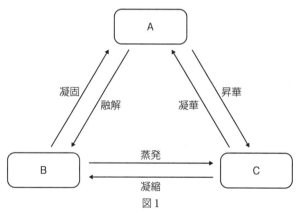

図1

問3 イオンおよびイオンからなる物質に関する記述として正しいものを、次の①〜⑤のうちから一つ選べ。 3

① 原子から電子を取り去って、1価の陽イオンにするときに放出されるエネルギーをイオン化エネルギー(第一イオン化エネルギー)という。

② イオンの大きさを比べると、Na^+、Cl^-、K^+ のうち、Cl^- が最も大きい。

③ 塩を構成する陽イオンは、すべて金属元素から構成される。

④ イオンからなる物質の結晶やその水溶液は、電気をよく導く。

⑤ イオンからなる物質は、すべて水によく溶ける。

問4 分子内の二原子間には極性があるが、分子全体としては無極性分子になる物質の組合せとして、最も適当なものを、次の①〜⑧のうちから一つ選べ。 4

ア 水　　　　　　　イ メタノール　　　ウ 硫化水素
エ アンモニア　　　オ 二酸化炭素　　　カ メタン

① ア、ウ　　　② ア、エ　　　③ ア、オ　　　④ イ、カ
⑤ ウ、エ　　　⑥ エ、オ　　　⑦ エ、カ　　　⑧ オ、カ

問5 身近に使われている物質に関する次の記述(Ⅰ〜Ⅲ)について、関連する語句の組合せとして最も適当なものを、下の①〜⑧のうちから一つ選べ。 5

Ⅰ 使い捨てカイロを空気中でもむと、熱が発生する。

Ⅱ 冷凍庫に氷を長時間保存すると、少しずつ氷が小さくなる。

Ⅲ 乾燥した緑茶の葉にお湯を注ぐと、お湯が着色する。

	Ⅰ	Ⅱ	Ⅲ
①	酸化還元	蒸発	分留
②	酸化還元	蒸発	抽出
③	酸化還元	昇華	分留
④	酸化還元	昇華	抽出
⑤	中和	蒸発	分留
⑥	中和	蒸発	抽出
⑦	中和	昇華	分留
⑧	中和	昇華	抽出

問6 次のア～ウの物質量の大小関係を正しく表しているものを、下の①～⑥のうちから一つ選べ。

6

ア　酸化アルミニウム 10g 中に含まれる酸化物イオンの物質量

イ　0℃、$1.013×10^5$ Pa で酸素と窒素を 5.6L ずつ混合した気体中に含まれる気体分子の全物質量

ウ　0.2mol/L の硝酸カリウム水溶液 1L 中に溶解している硝酸イオンの物質量

① ア＞イ＞ウ　　② ア＞ウ＞イ　　③ イ＞ア＞ウ
④ イ＞ウ＞ア　　⑤ ウ＞ア＞イ　　⑥ ウ＞イ＞ア

問7 気体物質 W および X を体積比 1：1 で混合した気体 70mL を反応させたところ、次の化学反応式にしたがって気体物質 Y および Z が生じ、W、X の一方が完全になくなるまで反応が進行した。X の係数 m は W の係数 2 よりも大きいことがわかっている。

$$2W + mX \longrightarrow 4Y + nZ$$

反応後の気体全体の体積を測定したところ 75mL であった。また、反応後の気体から Z のみを分離して Z の体積を測定したところ、30mL であった。ただし、気体の体積はすべて同温・同圧の下で測定したものとする。X の係数 m、Z の係数 n はそれぞれいくらか。最も適当な数値を、次の①～⑨のうちからそれぞれ一つ選べ。ただし、同じものを繰り返し選んでもよい。

m　7　　n　8

① 1　　② 2　　③ 3　　④ 4　　⑤ 5　　⑥ 6　　⑦ 7　　⑧ 8　　⑨ 9

問8 酸、塩基、中和および塩に関する記述として正しいものを、次の①～⑤のうちから一つ選べ。

9

① 酢酸が水中で電離するとき、水は酸としてはたらいている。

② 水溶液の pH の大きさによらず、酸の水溶液をもとの10倍に薄めると、pH は 1 大きくなる。

③ 1 価の弱塩基 10mL を同じモル濃度の 1 価の強酸で中和するとき、完全に中和するのに必要な強酸の体積は弱塩基の体積と等しい。

④ 濃度不明のアンモニア水を 0.10mol/L 塩酸で滴定するとき、指示薬としてフェノールフタレインを用いることが望ましい。

⑤ 0.10mol/L の塩酸と 0.10mol/L の酢酸水溶液では、0.10mol/L の塩酸の方が pH は大きい。

問9 硫酸酸性の過マンガン酸カリウム水溶液と過酸化水素水を反応させると、酸化還元反応が起こる。このとき、過マンガン酸イオン MnO_4^- と過酸化水素 H_2O_2 は、次の式(1)と(2)にしたがって変化する。

$$MnO_4^- + 8H^+ + 5e^- \longrightarrow Mn^{2+} + 4H_2O \quad (1)$$
$$H_2O_2 \longrightarrow O_2 + 2H^+ + 2e^- \quad (2)$$

この反応を利用して、市販のオキシドール中に含まれる過酸化水素の質量パーセント濃度〔%〕を、次の**操作Ⅰ・Ⅱ**によって求める実験を行った。後の問い(**a・b**)に答えよ。

操作Ⅰ オキシドールを正確に水で10倍に希釈し、この希釈液 10.0 mL をコニカルビーカーにとった。

操作Ⅱ コニカルビーカーに十分な量の硫酸を加えてから 0.0500 mol/L の過マンガン酸カリウム水溶液で滴定したところ、8.00 mL で終点に達した。

a この実験に関する記述として正しいものを、次の①～④のうちから一つ選べ。[10]

① この実験でオキシドールを正確に水で10倍に希釈するときは、ホールピペットとメスシリンダーを用いる。

② この実験で過酸化水素は酸化剤としてはたらく。

③ この実験でコニカルビーカーは、純水でぬれた状態で用いてもよい。

④ この実験で硫酸の代わりに塩酸を用いて酸性にして滴定を行ってもよい。

b オキシドールの密度は $1.0 \, g/cm^3$ であるものとすると、希釈前のオキシドール中に含まれる過酸化水素の質量パーセント濃度は何%か。有効数字2桁で表すとき、空欄 [11]、[12] にあてはまる数字を、次の①～⓪のうちから一つずつ選べ。ただし、同じものを繰り返し選んでもよい。[11].[12] %

① 1　　　② 2　　　③ 3　　　④ 4　　　⑤ 5
⑥ 6　　　⑦ 7　　　⑧ 8　　　⑨ 9　　　⓪ 0

第2問　次の文章を読み、後の問い(**問1～4**)に答えよ。(配点　20)

　授業の探究活動で、日常生活における身近な物質の変化について調べることにした。

　ある生徒は、自宅で使っている入浴剤を風呂に入れたとき、なぜ泡が出るのかに興味をもち、インターネットなどを使って情報を集めた。その結果、次のことがわかった。

---

1. 入浴剤には、無機塩類、有機酸類、生薬類、酵素類、保湿剤、着色剤などが含まれている。
2. 入浴剤には、発泡するものと発泡しないものとがある。
3. 3つの発泡入浴剤**A**、**B**、**C**について調べたところ、それぞれに含まれる主な成分は図1のとおりであった。

<table>
<tr><th>発泡入浴剤A</th><th>発泡入浴剤B</th><th>発泡入浴剤C</th></tr>
<tr><td>炭酸水素ナトリウム、硫酸ナトリウム、クエン酸、デキストリン、流動パラフィンなど</td><td>炭酸水素ナトリウム、フマル酸、ビタミンC、炭酸ナトリウム、ステアリン酸、スクロースなど</td><td>炭酸水素ナトリウム、炭酸ナトリウム、コハク酸、乳糖、シリカなど</td></tr>
</table>

図1　発泡入浴剤のおもな成分

4. 発泡する入浴剤には、図1に示すように、炭酸水素ナトリウム $NaHCO_3$(式量84)などの炭酸水素塩やクエン酸 $C_6H_8O_7$、コハク酸 $C_4H_6O_4$、フマル酸 $C_4H_4O_4$ などの有機酸が含まれている。クエン酸、コハク酸、フマル酸はいずれも、$-COOH$ で表されるカルボキシ基とよばれる構造をもっており、酸としてはたらく。酸の価数は、それぞれ3価、2価、2価である。
5. 炭酸ナトリウム Na_2CO_3 や硫酸ナトリウム Na_2SO_4 などの無機塩類には、保温効果や清浄効果を高める作用があるとされている。

　さらに、これらのことをもとに、発泡入浴剤がどのような化学反応によって発泡するのかを調べてみたところ、次のような説明があった。

　発泡入浴剤の多くは、炭酸水素ナトリウムが、炭酸よりも強い有機酸と反応して二酸化炭素を発生することを利用している。これは、弱酸の塩とそれよりも強い酸との反応によって弱酸が遊離する反応を利用したものである。

発泡入浴剤の成分として用いられている炭酸水素ナトリウムとクエン酸に関する、次の問い（**問1〜4**）に答えよ。

問1 炭酸水素ナトリウムに関する記述として**誤りを含むもの**はどれか。最も適当なものを、次の①〜④のうちから一つ選べ。[13]

① 加熱すると分解して炭酸ナトリウムを生じる。
② 酸性塩であり、水に溶けて弱い酸性を示す。
③ 水溶液は黄色の炎色反応を示す。
④ 胃腸薬(制酸剤)の成分として用いられる。

問2 図2は、水100gに溶ける炭酸水素ナトリウムの最大限の質量(溶解度)と温度との関係を示したものである。30℃で水200gに炭酸水素ナトリウム30gを加え、よくかく拌した後、しばらく放置した。この炭酸水素ナトリウム水溶液の密度を1.05g/cm³とすると、この水溶液のモル濃度は何mol/Lか。最も適当な数値を、次の①〜⑤のうちから一つ選べ。[14]mol/L

① 0.59　　② 0.65　　③ 1.24　　④ 1.37　　⑤ 1.78

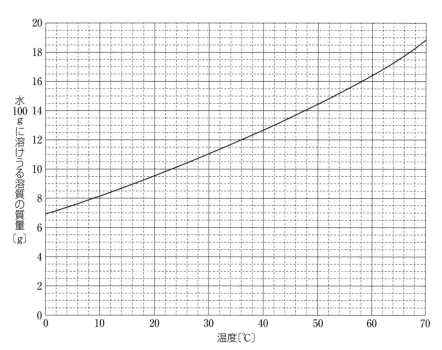

図2　水100gに溶ける炭酸水素ナトリウムの質量と温度との関係

問3 クエン酸にある量の炭酸水素ナトリウムを混合し、これに水を加えたときに発生する二酸化炭素の体積を測定する実験を行った。表1は、クエン酸1.00gに、0.40g～1.80gの炭酸水素ナトリウムを混合したときに発生した二酸化炭素の体積をまとめたものである。この実験に関する問い（**a・b**）に答えよ。必要があれば、表1の数値と方眼紙を使うこと。

表1　炭酸水素ナトリウムの質量と気体の発生量の関係

炭酸水素ナトリウムの質量〔g〕	発生した気体の体積〔mL〕
0.40	114
0.60	170
0.80	230
1.00	286
1.20	343
1.40	375
1.60	375
1.80	375

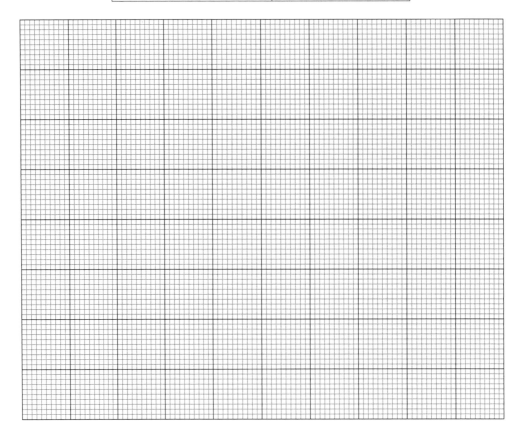

a この実験結果から、クエン酸 1.00 g と過不足なく反応する炭酸水素ナトリウムの物質量は何 mol だと考えられるか。最も適当な数値を、次の①〜⑤のうちから一つ選べ。 15

① 0.015　　② 0.030　　③ 0.13　　④ 0.15　　⑤ 1.3

b 水 100 mL をビーカーに入れ、クエン酸と、ある量の炭酸水素ナトリウムの混合物を加えて反応させた。反応後のビーカーに指示薬として BTB 溶液を数滴加えたところ、水溶液は黄色になったことから、水溶液にはクエン酸が残っていることがわかった。反応後の水溶液から 10.0 mL を正確にはかり取り、0.100 mol/L の水酸化ナトリウム水溶液で中和滴定をしたところ 15.0 mL を要した。水溶液中に未反応で残っているクエン酸のモル濃度は何 mol/L か。最も適当な数値を、次の①〜⑤のうちから一つ選べ。 16

① 0.0100　　② 0.0500　　③ 0.100　　④ 0.150　　⑤ 0.500

問4 炭酸水素ナトリウムは、入浴剤の成分以外に、パンやホットケーキなどを膨らませるベーキングパウダーの成分としても用いられている。ベーキングパウダーは、次式のように、炭酸水素ナトリウムとリン酸二水素カルシウム $Ca(H_2PO_4)_2$ の反応によって、炭酸水素ナトリウムが分解して二酸化炭素が発生することを利用している。

$$2NaHCO_3 + Ca(H_2PO_4)_2 \longrightarrow Na_2HPO_4 + CaHPO_4 + 2CO_2 + 2H_2O$$

この反応から判断できる最も適切なものを、次の①〜④のうちから一つ選べ。 17

① 炭酸はリン酸二水素イオン $H_2PO_4^-$ よりも強い酸である。
② 炭酸はリン酸二水素イオン $H_2PO_4^-$ よりも弱い酸である。
③ 炭酸水素ナトリウムは酸化剤としてはたらいている。
④ 炭酸水素ナトリウムは酸としてはたらいている。

解 答 一 覧

1 a…⑥ b…⑥ c…⑤
2 ⑤
3 ③
4 ②
5 ②
6 ②
7 a…⑥ b…③
8 ⑤
9 ②、④
10 ⑤
11 ①、②
12 ①
13 ①
14 ③
15 ⑤
16 a…① b…② c…③ d…① e…④
17 a…③ b…①
18 ④
19 ①
20 ⑥
21 a…⑤ b…⑤ c…④
22 ①
23 ⑤
24 a…① b…④ c…② d…②
25 ④
26 ⑤
27 ⑤
28 ②
29 ⑤
30 a…③ b 1 ④ 2 ⓪ 3 ① 4 ⓪

31 ②
32 ②
33 ④
34 ③
35 ⑤
36 ①
37 a…④ b…① c…② d…① e…②
38 ③
39 ⑤
40 ④、⑥
41 a…④ b…③ c…③ d…① e…③
42 a…④ b…④ c…⑤
43 ③
44 a…① b…③ c…③ d…⑤
45 ③
46 a…④ b…④
47 a…④ b…③ c…② d…④
48 ②
49 ④
50 ②
51 ⑥
52 ③
53 ②、④
54 ③
55 ③
56 ア…④ イ…③
57 ②
58 ⑦
59 a…② b…⑤

60 ③
61 ⑥
62 ア…③ イ…③ ウ…②
63 ③
64 ③
65 ①
66 ①
67 ②
68 ⑤
69 ④
70 ④
71 a…① b…③
72 ①
73 ④
74 ④
75 ④
76 ⑤
77 ③
78 ④
79 ④
80 ④
81 ④
82 ②
83 ④
84 a…③ b…⑥
85 ③
86 ②
87 ④
88 ②
89 ③
90 ③
91 ②
92 ②
93 ③
94 ④
95 ①
96 ①
97 ④
98 ④
99 ④
100 ④
101 ⑥

102 ③
103 ④
104 ④
105 ④
106 ③
107 ④
108 ②
109 a…② b…① c…③
110 ②
111 ②
112 ①
113 ④
114 ④
115 ④
116 ②
117 a…⑦ b…①
118 ②
119 ③
120 ③
121 ⑤
122 ③
123 ⑤
124 ①
125 ②
126 ③
127 ③
128 ④
129 ④
130 ③
131 ④
132 ②
133 ④
134 ②
135 ⑤
136 ④
137 ③
138 ①、④
139 ①
140 ③
141 ①
142 ⑤
143 ⑤
144 ⑥
145 ③

146 ②
147 ⑥
148 ④
149 ③
150 ⑥
151 a…⑤ b…④
152 ④
153 ④
154 ⑦
155 ②、⑤
156 ⑥
157 ②
158 ④
159 ①、⑥
160 ④
161 ①
162 ②
163 ⑤
164 ③
165 ③
166 ②
167 ④
168 ③
169 ⑤
170 ①
171 ②
172 ⑤
173 ③
174 ⑤
175 ⑤
176 a…① b…③ c…②
177 ③
178 ⑦
179 ②
180 ①、⑤
181 ⑥
182 問1 ③ 問2 A…⑥ B…③
183 問1 ④ 問2 a…① b…③ c…③
184 問1 ⑤

問2 ④
185 a…③ b…④ c…②
186 a…⑥ b…③
187 問1 ④ 問2 ④ 問3 ② 問4 ③
188 問1 a…③ b…③ 問2 a…② b…③ c…①
189 問1 a ア…② イ…② ウ…① b ④ 問2 ② 問3 ②、⑤ 問4 ① 問5 a…⑤ b 1 ② 2 ⑤

予想模擬テスト

1	②
2	④
3	②
4	⑧
5	④
6	③
7	⑦
8	⑥
9	③
10	③
11	③
12	④
13	②
14	③
15	①
16	②
17	②

予想模擬テスト解答用紙

注意事項
1 訂正は、消しゴムできれいに消し、消しくずを残してはいけません。
2 所定欄以外にはマークしたり、記入したりしてはいけません。
3 汚したり、折りまげたりしてはいけません。

解答番号	解　答　欄 1 2 3 4 5 6 7 8 9 0	解答番号	解　答　欄 1 2 3 4 5 6 7 8 9 0
1	① ② ③ ④ ⑤ ⑥ ⑦ ⑧ ⑨ ⓪	11	① ② ③ ④ ⑤ ⑥ ⑦ ⑧ ⑨ ⓪
2	① ② ③ ④ ⑤ ⑥ ⑦ ⑧ ⑨ ⓪	12	① ② ③ ④ ⑤ ⑥ ⑦ ⑧ ⑨ ⓪
3	① ② ③ ④ ⑤ ⑥ ⑦ ⑧ ⑨ ⓪	13	① ② ③ ④ ⑤ ⑥ ⑦ ⑧ ⑨ ⓪
4	① ② ③ ④ ⑤ ⑥ ⑦ ⑧ ⑨ ⓪	14	① ② ③ ④ ⑤ ⑥ ⑦ ⑧ ⑨ ⓪
5	① ② ③ ④ ⑤ ⑥ ⑦ ⑧ ⑨ ⓪	15	① ② ③ ④ ⑤ ⑥ ⑦ ⑧ ⑨ ⓪
6	① ② ③ ④ ⑤ ⑥ ⑦ ⑧ ⑨ ⓪	16	① ② ③ ④ ⑤ ⑥ ⑦ ⑧ ⑨ ⓪
7	① ② ③ ④ ⑤ ⑥ ⑦ ⑧ ⑨ ⓪	17	① ② ③ ④ ⑤ ⑥ ⑦ ⑧ ⑨ ⓪
8	① ② ③ ④ ⑤ ⑥ ⑦ ⑧ ⑨ ⓪	18	① ② ③ ④ ⑤ ⑥ ⑦ ⑧ ⑨ ⓪
9	① ② ③ ④ ⑤ ⑥ ⑦ ⑧ ⑨ ⓪	19	① ② ③ ④ ⑤ ⑥ ⑦ ⑧ ⑨ ⓪
10	① ② ③ ④ ⑤ ⑥ ⑦ ⑧ ⑨ ⓪	20	① ② ③ ④ ⑤ ⑥ ⑦ ⑧ ⑨ ⓪

① 学年・組・番号を記入し、その下のマーク欄にマークしなさい。

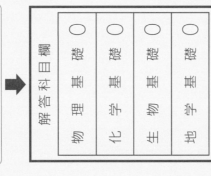

学年・組・番号欄

② 氏名・フリガナを記入しなさい。

氏名等チェック欄

フリガナ	
氏　名	

③ ・1科目だけマークしなさい。
・解答科目欄が無マーク又は複数マークの場合は、0点となります。

解答科目欄

物　理　基　礎　○
化　学　基　礎　○
生　物　基　礎　○
地　学　基　礎　○

解答科目チェック欄

予想模擬テスト解答用紙

① 学年・組・番号を記入し、その下のマーク欄にマークしなさい。

学年・組・番号欄

年			組	番号
⓪①②③④⑤⑥⑦⑧⑨	⓪①②③④⑤⑥⑦⑧⑨	⓪①②③④⑤⑥⑦⑧⑨	⓪①②③④⑤⑥⑦⑧⑨	⓪①②③④⑤⑥⑦⑧⑨

② 氏名・フリガナを記入しなさい。

フリガナ	
氏名	

③ ・1科目だけマークしなさい。
・解答科目欄が無マーク又は複数マークの場合は、0点となります。

解答科目欄

| 物理基礎 ◯ |
| 化学基礎 ◯ |
| 生物基礎 ◯ |
| 地学基礎 ◯ |

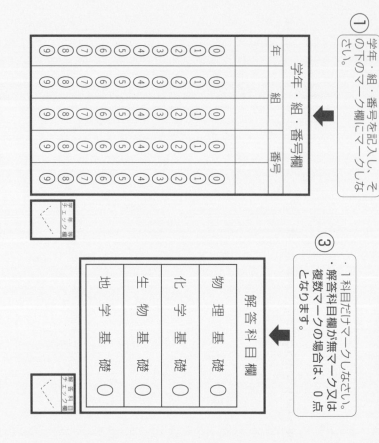

解答番号	解答欄 1 2 3 4 5 6 7 8 9 0	解答番号	解答欄 1 2 3 4 5 6 7 8 9 0
1	①②③④⑤⑥⑦⑧⑨⓪	11	①②③④⑤⑥⑦⑧⑨⓪
2	①②③④⑤⑥⑦⑧⑨⓪	12	①②③④⑤⑥⑦⑧⑨⓪
3	①②③④⑤⑥⑦⑧⑨⓪	13	①②③④⑤⑥⑦⑧⑨⓪
4	①②③④⑤⑥⑦⑧⑨⓪	14	①②③④⑤⑥⑦⑧⑨⓪
5	①②③④⑤⑥⑦⑧⑨⓪	15	①②③④⑤⑥⑦⑧⑨⓪
6	①②③④⑤⑥⑦⑧⑨⓪	16	①②③④⑤⑥⑦⑧⑨⓪
7	①②③④⑤⑥⑦⑧⑨⓪	17	①②③④⑤⑥⑦⑧⑨⓪
8	①②③④⑤⑥⑦⑧⑨⓪	18	①②③④⑤⑥⑦⑧⑨⓪
9	①②③④⑤⑥⑦⑧⑨⓪	19	①②③④⑤⑥⑦⑧⑨⓪
10	①②③④⑤⑥⑦⑧⑨⓪	20	①②③④⑤⑥⑦⑧⑨⓪

大学入学共通テスト攻略問題集

新課程版 ビーライン化学基礎

2024年1月10日　初版　第1刷発行	編　者　第一学習社　編集部
2024年9月10日　初版　第2刷発行	発行者　松本洋介
	発行所　株式会社　第一学習社

広　島：広島市西区横川新町7番14号	〒733-8521	☎082-234-6800
東　京：東京都文京区本駒込5丁目16番7号	〒113-0021	☎03-5834-2530
大　阪：吹田市広芝町8番24号	〒564-0052	☎06-6380-1391

札　幌☎011-811-1848	仙　台☎022-271-5313	新　潟☎025-290-6077
つくば☎029-853-1080	横　浜☎045-953-6191	名古屋☎052-769-1339
神　戸☎078-937-0255	広　島☎082-222-8565	福　岡☎092-771-1651

訂正情報配信サイト 47484-02
利用に際しては、一般に、通信料が発生します。

https://dg-w.jp/f/ba399

47484-02

ISBN978-4-8040-4748-5

■落丁・乱丁本はおとりかえいたします。

ホームページ
https://www.daiichi-g.co.jp/

大学入学共通テストの分析と受験上の注意

■出題分析　学習した内容を理解していれば解答できる問題が多く、難易度は昨年度と同程度であった。出題形式については、第1問は幅広い分野にわたる小問集合で、基本的な知識・理解を問うものが多く、平易な内容であった。第2問は宇宙ステーションの空気制御システムを題材に幅広い内容が問われた。

第1問は小問集合形式で、化学基礎全般から幅広く出題された。問3は身近な変化と物質の変化とのかかわりを考えさせる問題であった。問8は酸・塩基に関する問題で、同じ価数・物質量の弱酸・強酸の中和では、必要となる塩基の量が同じになることが理解できているかが問われた。問10は混合気体の混合割合に関する問題で、グラフから必要な情報を読み取れるかがポイントとなっている。第2問は宇宙ステーションの空気制御システムに関する出題で、おもに化学反応における量的関係に関する問が多かったが、それ以外にも分子の極性や酸化還元反応など、幅広く問われた。問2bは、過不足のある反応に関する出題で、反応物をいずれも1 molずつ用いたときに得られるCO_2の量の多寡が問われた。反応物のうち、すべて反応する物質を基準にCO_2の発生量を考えればよい。問3bも同様に、過不足のある反応に関する出題であり、こちらはグラフを選択させる問題であった。問3cは複数の化学反応式を用いて量的関係を考えさせる問題であった。このような問題では、いずれの反応式にも登場する物質を基準に量的関係を考え、各物質の物質量の比を求められれば、容易に解答を導けたと思われる。

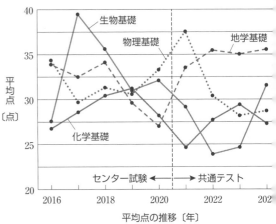

平均点の推移〔年〕

■対策　教科書の内容を十分に理解し、問題集を用いて基礎・基本の問題を中心に繰り返し取り組むこと。計算問題では、物質量にもとづく問題、化学反応式と量的関係などの問題に必ず習熟しておくこと。中和反応やその量的関係、中和滴定曲線と指示薬、酸化還元反応などにも基本問題の演習を通して十分に理解しておくこと。また、今後は探究活動に関する問題がより重視されることが予想されるため、教科書記載の図やグラフ・表、実験時の注意点や実験操作の意味、探究活動の内容にも十分注意しておくこと。さらに、身のまわりの物質の利用も、物質の性質と関連づけて理解しておくこと。

■出題分野一覧　過去5年分の問題を出題項目別に分類して示した。★の数は出題数を示す。

	2020 本試 (全14問)	2020 追試 (全14問)	2021 第1日程 (全15問)	2021 第2日程 (全16問)	2022 本試 (全15問)	2022 追試 (全16問)	2023 本試 (全16問)	2023 追試 (全15問)	2024 本試 (全17問)	2024 追試 (全16問)
①物質の成分と構成元素	★★	★★	★	★★	★	★	★		★	★★
②原子の構造と周期表	★	★★	★★★	★	★	★★★	★	★	★★	★
③化学結合	★★★	★★★	★	★★★★	★★	★	★★★★	★★★★	★★★	★★★
④物質量と濃度	★★	★★	★★★	★	★★★★	★★★	★★		★	★
⑤化学反応式	★	★		★★★★		★★★	★★	★★★★★ ★	★★★★★ ★	★★★
⑥酸と塩基	★★	★★	★★★★	★	★★★	★★	★	★	★★★★	★★
⑦酸化還元反応	★★	★★	★	★	★★★	★★★	★★★★	★★★	★★★★	
特集 身のまわりの化学	★			★★	★					★
特集 実験操作								★		★★
科目名(試験時間)	センター試験 (30分)		共通テスト (30分)							